I0052115

EXPLICATION

DE

LA CRÉATION

DES VÉGÉTAUX, DES ANIMAUX ET DE L'HOMME

ET DE LEUR AGE

Découverte par l'étude de la géologie
et la température de la Terre

PRÉCÉDÉE DE

L'HISTOIRE DE LA TERRE

depuis son origine jusqu'à nos jours

ET SUIVIE DE

L'HISTOIRE DE L'HOMME

PAR

GUILLERAND (DE MORNAY)

Seconde édition, revue et augmentée

PARIS
LIBRAIRIE DUBUISSON ET Cⁱᵉ
RUE COQ-HÉRON, 5.

1874

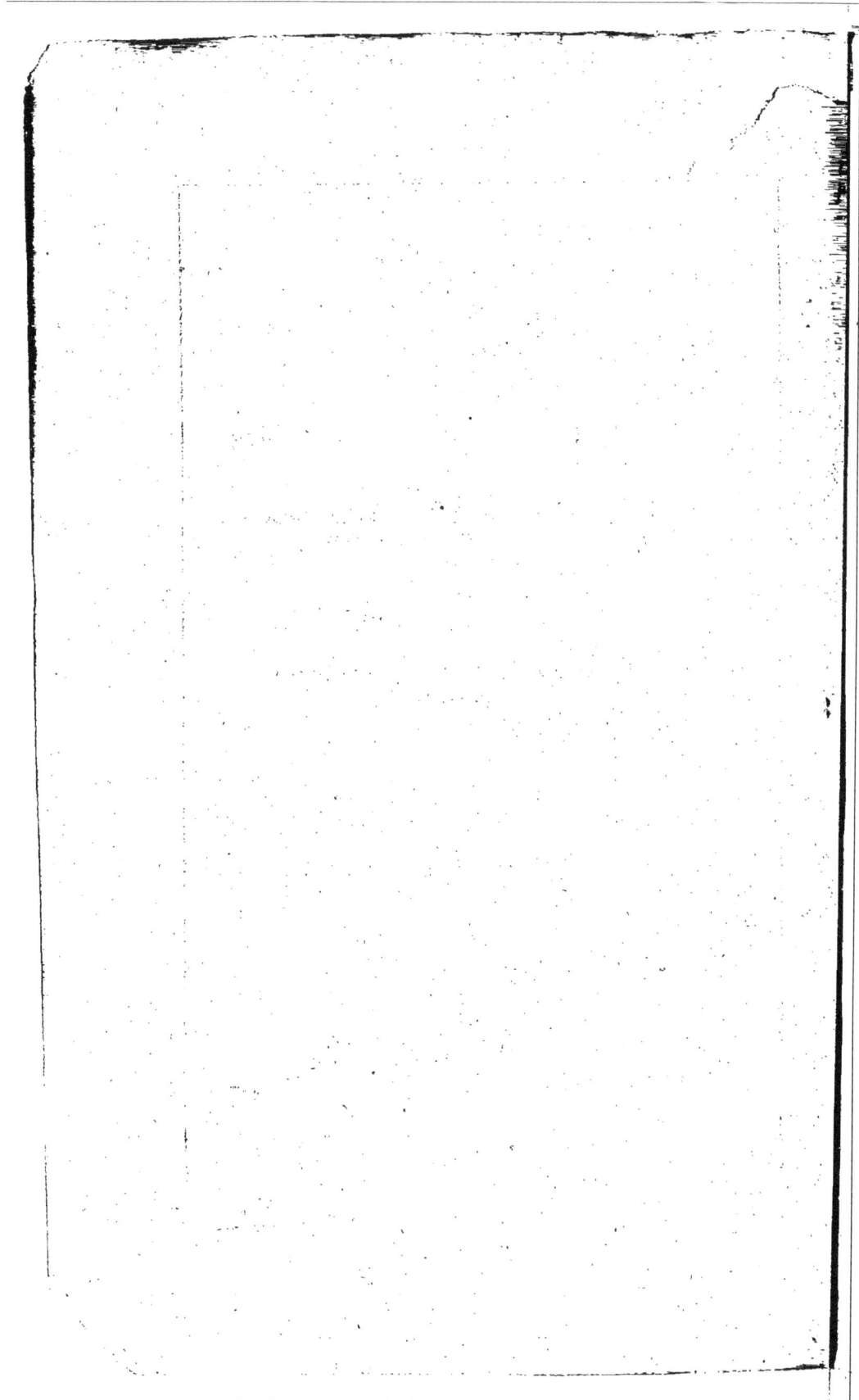

EXPLICATION

DE

LA CRÉATION

DES VÉGÉTAUX, DES ANIMAUX ET DE L'HOMME

ET DE LEUR AGE

S

C.

EXPLICATION

DE

LA CRÉATION

DES VÉGÉTAUX, DES ANIMAUX ET DE L'HOMME

ET DE LEUR AGE

**Découverte par l'étude de la géologie
et la température de la Terre**

PRÉCÉDÉE DE

L'HISTOIRE DE LA TERRE

depuis son origine jusqu'à nos jours

ET SUIVIE DE

L'HISTOIRE DE L'HOMME

PAR

GUILLERAND (DE MORNAY)

Seconde édition, revue et augmentée

PARIS

LIBRAIRIE DUBUISSON ET Cᵉ

RUE COQ-HÉRON, 5.

1874

PRÉFACE

Ce n'est pas suffisant de lire :
Pour comprendre, il faut réfléchir.

Les grandes découvertes scientifiques sont rarement le travail d'un seul homme, et de nombreuses expériences, des descriptions contradictoires sont indispensables à leur démonstration, dit un auteur.

J'ai reçu, en 1864, un écrit sur l'origine et la formation de la Terre, intitulé : *Cartographie*, de L. Bouffard, *la Terre avant et depuis l'homme, atlas du monde.*

Quand on monte sur le haut d'une montagne, ou sur le sommet d'un édifice, on découvre toujours à de plus grandes distances que si on était resté en bas; de même quand on lit les ouvrages d'un écrivain, on apprend quelque chose, et ce quelque chose, en vous faisant réfléchir, vous donne parfois des idées qui vous font découvrir des choses auxquelles l'écrivain n'avait pas pensé, et dont il n'avait pas parlé; c'est ce qui m'est arrivé en lisant la *Cartographie* de M. Bouf-

fard, qui parle de l'histoire de la Terre et non de
de la création.

Du fait de cette lecture, je crois avoir entrevu
le mode de la création primitive de la vie organique des végétaux et des animaux.

J'ai lu et relu cet écrit, qui m'a fort intéressé ;
cette lecture m'a fait faire de grandes réflexions,
des méditations et des observations qui m'ont
formé des idées sur la composition de la croûte
terrestre et la marche de sa formation, pour
l'amener telle qu'elle est aujourd'hui.

Les faits naturels ou acquis à la science m'ont
fourni les moyens de donner des descriptions
plus détaillées que celles contenues dans cet écrit.

La lecture de cet ouvrage m'a aussi donné des
idées qui m'ont fait réfléchir sur la création de
notre temps, idées qui m'ont amené à faire des
hypothèses sur la création primitive de l'homme,
des animaux, des oiseaux et des plantes ; idées
qui ne m'étaient jamais venues, et qui me paraissent bien fondées. Mes lecteurs apprécieront.

Mon travail n'est donc en réalité que le résultat
de mes lectures ; je n'ai pas la prétention d'avoir
mesuré la grosseur des astres ni leurs distances.

Mornay, 1er mai 1868.

GUILLERAND aîné.

PREMIÈRE PARTIE

———

HISTOIRE DE LA TERRE

HISTOIRE DE LA TERRE

I

De Dieu et de l'Univers

Dieu est le principe de tout, il est l'origine et la fin des choses ; tout vient de lui et tout retourne à lui, rien n'est aussi grand que lui, car il embrasse tout l'univers, et l'univers est sans limites. Et je suis de l'opinion de cet évêque qui, prononçant un discours à l'occasion des funérailles de Louis XIV, s'écria : *Dieu seul est grand !* protestant ainsi contre le titre de grand, décerné à ce prince par les magistrats de Paris.

Les grandes œuvres de Dieu échappent à l'appréciation de l'homme par leur immensité ; et les plus petites échappent à la vue même de l'homme, par l'infinité de leur petitesse.

La durée d'un million de siècles n'équivaut pas pour Dieu à la durée d'une minute pour nous.

La Terre n'est qu'une minime chose pour Dieu, en comparaison du Soleil et des étoiles visibles et invisibles ; et quand on réfléchit qu'elle a été à l'état de

1.

liquide fondu et enflammée comme le Soleil, et que, d'après les calculs de nos savants, elle a mis environ quatre-vingt-dix-huit millions de siècles pour se refroidir et devenir ce qu'elle est aujourd'hui, on doit bien reconnaître que Dieu prend tout son temps pour l'accomplissement de ses grandes œuvres, et qu'il n'est nullement pressé.

On divise le domaine de Dieu en quatre parties :

1° Le temps ;

2° L'espace ;

3° La vie générale ;

4° La matière.

Le temps et l'espace sont sans fin et sans limites, ils sont éternels.

La vie générale est éternelle (dit-on), elle est prêtée par Dieu à l'homme, à tous les animaux et aux plantes; elle est inépuisable dans sa généralité; la vie n'est pas une matière, c'est un esprit invisible comme Dieu, et si je puis m'exprimer ainsi, c'est la partie divine que Dieu a dévolue à notre globe.

La vie abandonne les corps organiques (animaux et végétaux), lorsqu'ils sont usés, soit par la longueur du temps ou les maladies, ou qu'ils sont brisés par cas fortuits ou arrêtés dans leurs fonctions vivifiantes. Alors tous ces corps animés deviennent matières inertes, se consument et font partie du globe, qu'ils engraissent de leurs débris, débris qui nourrissent la végétation vivante ; la végétation nourrit l'homme et les animaux, et ainsi l'empire organique se perpétue pour ainsi dire de ses propres débris et roule en cercle perpétuel depuis son commencement ; c'est la métempsycose, mais en détail.

« La science la plus élevée, l'imagination la plus audacieuse restent confondues devant la profondeur de l'immensité de l'espace, sondé à l'aide de nos calculs ; par delà le monde stellaire appréciable à notre vue, nos lunettes nous font découvrir des étoiles nébuleuses : elles présentent l'aspect d'un petit nuage blanchâtre ; les unes se décomposent en une infinité de petites étoiles, pendant que d'autres laissent seulement apercevoir des points condensés et lumineux, entourés d'une matière diffuse, comme si des étoiles nouvelles se trouvaient encore en voie de formation dans ces profondeurs de l'immensité.

» La lumière, qui parcourt trois cent huit mille kilomètres par seconde (le jour a 86.400 secondes), met huit minutes dix-huit secondes pour nous arriver du Soleil ; elle mettrait trois années et demie pour nous arriver de l'étoile fixe la plus voisine de notre Soleil, laquelle est située à trente-cinq mille milliards de kilomètres de cet astre : elle mettrait trente ans pour nous arriver de l'étoile Polaire.

» Pour traverser la grande nébuleuse qu'on nomme la Voie Lactée, la lumière mettrait plus de deux mille années.

» On a calculé que la lumière des dernières nébuleuses aperçues par l'œil de l'homme, à l'aide des plus puissantes lunettes, de celles qui sont les plus reculées dans les profondeurs de l'espace, et que le grand télescope d'Herschell a fait découvrir, mettrait près de deux millions d'années pour arriver jusqu'à nous (1). »

C'est à peine si la pensée peut imaginer une telle étendue ; et si ensuite on réfléchit que tout cela n'est que le commencement de l'univers, on reste confondu, on se trouve presque réduit à néant, et celui qui se livrerait avec trop de persistance à la recherche des connaissances de toutes ces grandes choses de Dieu finirait par fatiguer son cerveau et le rendre malade.

Tout est altération dans le monde ; il n'y a rien d'immuable ; tout est vicissitude ; tout se transforme, naît, vit et meurt, dans l'espace comme sur la Terre ; et la Terre elle-même est aujourd'hui, pour ainsi dire, morte, en comparaison de ce qu'elle a été.

En l'année 389, une étoile apparut pour la première fois aux yeux des hommes ; elle ne brilla que pendant trois semaines, et elle s'éteignit et disparut. Il faut croire qu'elle était bien petite, car on doit supposer cela pour qu'elle se soit éteinte si promptement. Qui dirait que ce ne sont pas les débris de pareilles étoiles qui tombent sur la terre en aérolithes?

Depuis cette époque, le même phénomène s'est présenté bien des fois à nos observations, et, dans un temps plus moderne, à notre époque même, depuis seulement quinze ans, on a vu disparaître six étoiles dans la seule constellation des Poissons, trois dans celle du Capricorne, quatre dans celle du Tau-

(1) Notes de M. Bouffard.

reau, etc., etc.; quelques autres perdent leur éclat, comme si elles allaient s'éteindre, pendant que d'autres sont aperçues pour la première fois.

Tout cela nous prouve que les étoiles, le Soleil, la Lune, la Terre n'ont pas toujours existé, et qu'eux aussi ont eu leur formation, et qu'avant ils étaient répandus dans l'immensité de l'espace en une vapeur imperceptible et invisible, tant elle était divisée ; c'est l'avis des astronomes, qui leur a été inspiré par toutes les observations qu'ils ont faites dans le ciel ; et on doit croire qu'il en a été ainsi, puisque, aujourd'hui encore, on voit des étoiles qui commencent à se former au milieu des centres nébuleux, tandis que d'autres s'éteignent.

Donc, cette matière à l'état de vapeur imperceptible répandue presque partout dans l'espace était ce qu'on a toujours appelé le chaos ; Soleil, Terre, Lune, planètes, roches, végétaux, animaux et l'homme, tout était à l'état gazeux, répandu dans l'immensité de l'espace.

II

Origine du Soleil

Par la même vertu d'attraction qu'ont tous les corps de tendre à se rapprocher et à se réunir, cette vapeur se condensa, devint plus épaisse, forma comme un immense nuage dans l'immensité, enfin ce que les astronomes appellent une nébuleuse ; puis,

par la suite du temps, la concentration continuant
toujours par l'effet du refroidissement, il se forma au
centre une masse de matières en fusion, comme un
noyau, tout comme un essaim d'abeilles répandues
dans l'espace, qui se concentrent aussi, et finissent
par se poser en un endroit où elles forment un
noyau, une boule sur laquelle elles finissent toutes par
se reposer.

Ce noyau était le commencement du Soleil, et je
crois que les astronomes ont raison de lui attribuer
cette origine, puisqu'on voit encore de notre temps
des nébuleuses où il se forme des centres lumineux.
Par la suite du temps, toute la matière vaporisée se
concentrant toujours, se réunit toute et fut le Soleil.

III

Origine du Globe terrestre et des autres planètes

Les astronomes disent que c'est par l'effet de cette
grande concentration de matières que le mouvement de rotation se produisit, et il devint si rapide,
que de cette masse de matières en fusion qui composait le Soleil, il s'échappa des parcelles, qui sont
toutes les planètes qui tournent autour de cet astre.
telles que la Terre, Mercure, Vénus, Mars, Jupiter,
Saturne, Uranus et toutes les autres planètes ; et voilà
pour quelle raison elles tournent autour du Soleil.

L'eau que lance la meule du rémouleur ou la roue

d'une voiture, dans leur vitesse de rotation, peut nous
donner une idée de la manière dont la matière a pu
se détacher du Soleil par l'effet du mouvement accé-
léré de rotation.

On pourra demander qu'est-ce qui produisit ce
mouvement de rotation. Les savants ne le disent pas ;
en réfléchissant à cela, je suppose que la matière, en
se dirigeant sur le noyau central, y arriva obliquement
en sens opposé sur les deux côtés, et, de cette manière,
lui imprima le mouvement de rotation ; comme deux
vents dirigés en sens contraire produisent une trombe,
qui tourne avec tant de rapidité. Si le Soleil n'eût pas
tourné, il n'aurait pas pu lancer les planètes, et il
serait seul de notre système planétaire ; la Terre, la
Lune et les autres planètes n'existeraient pas.

La Terre et les autres planètes sont pour ainsi dire
encore attachées au Soleil, par leur mouvement de
rotation autour de lui, qui est régulier et toujours à
la même distance, ce qui prouve qu'elles lui appar-
tiennent réellement.

IV

Comparaison de la grosseur de la Terre avec celle du Soleil

Pour la grosseur, la Terre est au Soleil ce qu'est un
grain de froment à quatre doubles décalitres de ce
grain, car le Soleil est un million trois cent mille fois
plus gros que notre globe, et il faut quatre doubles

décalitres pleins de ce grain pour en contenir ce même nombre de un million trois cent mille ; une locomotive parcourant 60 kilomètres par heure mettrait 27 jours et 19 heures pour faire le tour de la Terre ; elle emploierait près de huit ans et demi pour parcourir la circonférence du Soleil ; il n'y a donc pas lieu de s'étonner que la Terre et les autres planètes se soient détachées du Soleil.

Ces sphères, étant dans le vide, ont continué leur circulation autour du corps central et dans le même sens que lui : c'est le mouvement perpétuel.

Comme la Lune tourne autour de la Terre et non autour du Soleil, il est certain qu'elle s'est détachée de la Terre après que celle-ci a été détachée du Soleil.

Ainsi, notre Terre, notre Lune et toutes les autres planètes ont été des globes de matières en fusion enflammées et lumineuses comme le Soleil ; ce sont des Soleils éteints ; et il est possible que, à la suite des siècles, cet astre s'éteindra peut-être aussi. Cependant, Dieu, dans sa grande sagesse, a peut-être donné au Soleil un moyen d'entretenir sa chaleur ; il en a bien donné un à l'homme et aux animaux, qui ne se refroidissent qu'après leur mort.

V

Possibilités de fin du monde

Mais si la fin du monde n'arrive que par le refroidissement du Soleil, nous pouvons bien nous rassurer ainsi que nos descendants ; car la Terre ayant mis environ cinquante mille siècles pour perdre chacun de ses degrés de chaleur, et le Soleil étant un million trois cent mille fois plus gros que la Terre, devra mettre soixante-cinq milliards de siècles pour perdre un degré de sa chaleur ; et il est probable qu'il pourrait perdre bien des degrés de chaleur avant que la Terre s'en ressentît. Rassurons-nous donc ; les habitants de la Terre ont une belle perspective devant eux. A quel degré s'élèveront l'industrie, la science et le génie d'ici là ? Vraiment, l'homme n'est encore qu'un gamin en comparaison de ce qu'il deviendra dans la suite des siècles.

Mais la fin du monde pourrait arriver de plusieurs autres manières ; par exemple, si la Terre se rapprochait graduellement du Soleil, ne s'en rapprochât-elle que d'un mètre par chaque année, elle finirait par aller s'y brûler et s'y refondre en un milliard cinq cent trente millions de siècles, ce qui serait bien plus tôt fait que par le refroidissement du Soleil.

Si, au contraire, la Terre s'éloignait du Soleil, elle finirait par n'en plus recevoir assez de chaleur pour faire vivre les végétaux et les animaux, et tout mourrait gelé par le froid : presque toutes les eaux se transformeraient en neige et le reste en glace, et la Terre roulerait dans l'immensité comme une véritable boule de neige et y deviendrait invisible.

Et par la longueur du temps, le règne organique peut être frappé de stérilité.

Le souvenir des hommes et des générations passées,

ni les histoires les plus anciennes, ne sont pas assez
longs pour apercevoir aucune variation dans la marche de notre système planétaire ; car tout cela n'est
rien en comparaison de la longueur du temps que
Dieu emploie à la transformation de ses grandes
œuvres.

Il était nécessaire que les planètes se refroidissent,
car sans cela, ni l'homme, ni les animaux, ni les végétaux n'auraient pu exister ; et si le Soleil s'éteignait,
ni l'homme, ni les animaux, ni les végétaux ne pourraient exister, et comme je l'ai déjà dit, tout mourrait ; toutes les planètes ne recevant plus de lumière,
deviendraient invisibles : ce serait la mort partout,
excepté pour les étoiles, qui sont lumineuses par
elles-mêmes.

VI

De la Lune et de son origine

Comme je l'ai déjà dit : puisque la Lune tourne autour de la Terre, il est évident qu'elle en est une par-
celle détachée ; elle s'est donc refroidie longtemps avant
la Terre. Comme elle est quarante-neuf fois plus petite, elle a dû être refroidie quarante-neuf fois plus
tôt, au moins ; ses habitants, si elle en a, doivent
être d'origine énormément ancienne.

La Lune, avec son peu de volume, relativement à
celui de la Terre, ne doit presque plus posséder de

chaleur par elle-même ; c'est donc la seule chaleur du Soleil qui fait vivre ses animaux et ses végétaux (1); par cette comparaison on doit encore conclure que la chaleur du Soleil suffira longtemps à faire vivre la vie organique sur la Terre.

VII

Formation de la Croûte terrestre

Enfin, nous voilà donc arrivés à l'époque où la Terre était un globe de matières fondues incandescentes, enflammées et lumineuses, d'une chaleur à tout brûler ; rayonnant dans l'étendue comme le Soleil de nos jours, et abandonnant très-lentement une partie de sa chaleur à l'espace.

La Terre, ainsi enflammée dans son atmosphère composée de tous les minéraux en vapeurs, de toutes les eaux et les sels qu'elles contiennent, ainsi que de toutes les matières de la vie organique, semble à l'idée d'une surface illimitée; mais il n'en était sans doute rien, car le Soleil est encore entouré, lui aussi, d'une atmosphère qui semble attendre son refroidissement pour

(1) Suivant un écrit que j'ai sous les yeux, l'astronome anglais sir John Herschell, envoyé au cap de Bonne-Espérance par le roi d'Angleterre, en 1834, découvrit dans la Lune des êtres ailés, avec la forme humaine, des animaux bizarres, des oiseaux, des arbres des fleurs et des rivières.

se précipiter sur lui, comme celle de la Terre se pré-
cipita sur elle lorsqu'elle fut assez refroidie, ainsi que
nous allons l'expliquer subsidiairement ; et sa surface
est bien limitée.

Par la suite des siècles, cette grande chaleur ayant
un peu diminué d'intensité, les vapeurs de minéraux
en fusion durent se réunir au noyau du globe, et la
chaleur s'abaissant toujours, quoique très-lentement,
descendit à un certain degré où quelques parties purent se consolider et flottèrent sur la surface de cette
mer ignée, comme les premiers glaçons flottent sur nos
fleuves ; la matière incandescente et fluide devenait
solide par l'abaissement de la température, comme le
fer, la fonte, le plomb et la cire passent de l'état de
fusion à l'état solide par le refroidissement.

Ce furent ces premiers morceaux solides du globe
qui devinrent les cailloux, comme on le verra plus
tard ; ainsi les cailloux sont la matière terrestre la
plus ancienne que l'on puisse voir.

Au commencement, ces morceaux coagulés, flot-
tants, furent rares, et puis, par la longueur du temps,
grands et multipliés sur la surface de notre globe, et
enfin, en s'agrandissant et se multipliant toujours par
un abaissement de température continuel et sans arrêt, quoique très-lent, ces masses finirent par se
joindre et se souder ensemble, et renfermer le globe
en fusion dans une pellicule, comme la coquille renferme l'œuf, comme les glaces emprisonnent les eaux
de nos lacs et de nos fleuves.

Cependant, si, à cette époque, la surface du globe

était tranquille et dormante, ce que l'on doit admettre, cette première pellicule a dû se former partout en même temps, comme la glace se forme de nos jours sur l'eau tranquille d'un étang; mais qu'elle se soit formée par morceaux ou toute ensemble, cela ne signifie rien pour le sujet qui nous occupe.

La première pellicule terrestre était formée; dès ce moment le rayonnement de la chaleur de notre globe n'eut plus la même puissance, et l'espace voisin n'étant plus si échauffé, permit aux vapeurs aquatiques de se condenser et de se rapprocher de la Terre, où elles se transformèrent en nuages sombres, pleins d'électricité, roulant autour de la Terre, qu'ils ne pouvaient encore approcher, tant elle était encore chaude, et les repoussait en vapeurs.

VIII

Age de la croûte terrestre

Mais par la suite des siècles, la chaleur ayant encore diminué, ces immenses nuages, composés de toutes les eaux qui sont dans les mers et les fleuves, se condensèrent tant, devinrent si lourds, qu'il n'y eut plus d'air capable de les soutenir, ni de chaleur assez forte pour les repousser assez loin : ils se précipitèrent donc en eau bouillante sur la Terre, sur cette mince pellicule qui n'était encore qu'une matière épaissie et non solide ; et, par le même effet que produit encore l'eau aujourd'hui, lorsqu'elle tombe sur du verre qui vient de se figer, elle réduisit toute cette pellicule du globe en milliards de pièces. Quelle est donc cette matière brisée si ce ne sont pas les cailloux d'aujourd'hui ? D'aujourd'hui, non, car ils ne sont plus ce qu'ils furent à cette époque, ils ont été brisés et rebrisés des milliards de fois ; ils ont été usés, arrondis, et réduits à ce qu'ils sont maintenant, en se roulant les uns sur les autres, entraînés par les eaux.

C'est de ce premier orage que date la naissance de la Terre ; jusque-là, elle devait être à peu près comme le Soleil, un globe lumineux ; mais à partir de cette époque, elle dut perdre de sa lumière. C'est donc de cette époque que commence son âge, qu'un de nos savants a évalué à quatre-vingt-dix-huit millions de siècles.

Aussitôt que les eaux eurent touché cette masse de matière en feu, en fusion, elles furent de nouveau réduites en vapeur et renvoyées dans l'espace.

De son côté, la Terre, ayant subi cette immense lessive, dut en subir un nouvel abaissement de température.

Beaucoup de parties de sa première écorce furent sans doute refondues en s'enfonçant dans la matière ignée liquide ; et les autres, entraînées par la convulsion des eaux, formèrent de petites montagnes de débris, tandis que d'autres parties nageaient sur la matière en fusion et commençaient à se refondre, sans y parvenir entièrement ; voilà pourquoi on voit beaucoup de cailloux qui sont moitié d'une couleur et moitié d'une autre ; d'autres ressemblent à de l'écume, preuve que l'eau a fait bouillir la matière en fusion en se précipitant dessus. J'ai cassé des cailloux dans lesquels j'ai trouvé du sable, nouvelle preuve de ce que je dis, qu'ils se sont recollés sur le globe encore en fusion, et sur la surface duquel il se trouvait du sable (débris de cailloux) que la chaleur n'avait pas refondu entièrement.

La pellicule de la Terre se reforma plus vite et plus solide que la première fois ; mais elle n'était plus unie, les cailloux étaient répandus en divers endroits, et les eaux ne tardèrent pas à revenir avec plus de force et brisèrent encore sa nouvelle pellicule et en firent encore des cailloux ; et ces terribles et gigantesques combats de l'eau et du feu, de l'électricité, du tonnerre et des éclairs, dans des proportions d'une grandeur et d'une force indescriptibles, continuèrent pendant des millions de siècles, jusqu'à ce que la croûte de la Terre, formée de ses propres débris, fût assez solide pour supporter le choc des eaux.

Lorsque la croûte de la Terre commença à devenir solide par son épaisseur, et commença à résister au poids de la chute des eaux, celles-ci pénétrèrent sous la croûte par des cavités qu'elles ouvraient en certains endroits moins solides, et figurez-vous les effroyables explosions qu'elles durent y occasionner en se trouvant en contact avec la matière fondue, qui

les réduisait instantanément en vapeur ; elles durent
faire sauter d'immenses blocs du globe, qui en re-
tombant, brisaient d'autres endroits de la croûte
terrestre et s'y enfonçaient profondément avec de
nouvelles eaux qui reproduisaient encore le même
effet en soulevant de nouvelles parties du globe ;
ainsi, l'effet produisait une nouvelle cause, et cela
sans interruption, dans un endroit ou dans un autre.
Quelles horribles détonations cela devait produire !
Qu'on se figure la plus forte poudrière de nos arse-
naux prenant feu et faisant sauter toute une ville ;
c'est un horrible fracas, comme celui du Kremlin en
Russie, par exemple ; eh bien ! ce n'est rien du tout
en comparaison des explosions du globe terrestre,
qui devaient, parfois, soulever à de grandes hauteurs
dans les airs la grandeur de terrain de plusieurs de
nos départements ; et quand on pense que ces explosions se succédèrent sans interruption pendant bien
des millions de siècles, on ne doit pas être étonné de
sa formation par la pulvérisation des cailloux.

On peut bien admettre beaucoup de millions de
siècles à chaque période de l'existence de la Terre, vu
son âge.

Ces grands combats de l'eau et du feu continuèrent pendant des millions de siècles, dis-je ; par la
longueur du temps, la Terre en se refroidissant toujours graduellement sous les coups de son implacable
ennemie, sans trêve ni merci, qui la dégradait toujours plus profondément, et augmentait ainsi l'épaisseur de sa croûte de ses propres débris, devint plus

solide ; les eaux qui pénétraient dans ses entrailles
en moins grande abondance et moins profondément,
n'approchant plus assez souvent le grand foyer, n'é-
taient pas toutes réduites en vapeur, ne pouvaient
faire sauter la croûte terrestre qu'elles soulevaient
seulement, et parfois se frayaient un passage au dehors en la perçant ; c'est ce qui forma les continents,
les montagnes et d'immenses volcans ; tandis que
d'autres endroits s'enfonçaient sous le poids des
eaux, et formèrent des bas-fonds, où les eaux que la
chaleur du globe ne pouvait plus vaporiser séjour-
nèrent et furent les mers ; car tant que la Terre eut
assez de chaleur pour vaporiser toutes les eaux, il
n'y eut ni mers ni fleuves.

Un ballon ou une vessie mal gonflé d'air peut nous
donner en petit l'image des révolutions que la Terre
a éprouvées : qu'on mette le doigt sur le ballon ou
la vessie : en l'appuyant, on détermine un creux.
C'est une mer qui se forme. Qu'on porte le doigt sur
une autre partie, on produit le même effet, mais le
premier creux formé disparaît : il est soulevé, et, en
se soulevant, il a déversé l'eau qu'il contenait dans le
creux nouveau qui lui a succédé, et, pour y aller,
l'eau a inondé l'espace qui séparait les deux creux,
et voilà un déluge, et une nouvelle couche de terre
déposée par les eaux qui se sont salies en courant
sur la Terre.

C'est à l'époque de ce degré de refroidissement, qui
commençait à permettre aux eaux de s'appuyer sur
la Terre, que d'immenses fleuves d'eaux bouillantes

2

et vaseuses couraient en mugissant sur la Terre, en entraînant les cailloux, le sable et la terre, qu'ils usaient les uns sur les autres et en formaient de la vase, qui plus tard composa la terre végétale.

Dans ces temps-là, ces immenses fleuves qui ne pouvaient s'appuyer sur la terre trop chaude qu'avec peine, devaient mugir en énormes bouillons et en vapeurs, ainsi que les mers, qui devaient aussi être tout en ébullition, et produire des bouillonnements aussi gros que des montagnes ; les eaux auraient été plus abondantes qu'aujourd'hui si elles n'eussent pas été réduites en vapeurs, car la Terre n'en avait encore que fort peu absorbé.

Un écrivain moderne vient de dire qu'il se pourrait bien que, à la longue, la Terre absorbât toutes les eaux, ce qui occasionnerait la fin du monde par la sécheresse. Cela est impossible, par la raison que les roches cristallines qui composent l'intérieur de la Terre ne sont pas perméables, et que la croûte terrestre a eu le temps de prendre tout ce qu'elle a pu absorber.

Jusqu'à cette époque, toute la Terre était encore à peu près continuellement entourée d'un nuage immense, composé de toutes les vapeurs que la grande chaleur de la Terre produisait partout avec l'eau ; ce grand nuage qui couvrait la Terre lui dérobait la lumière du Soleil, quoique celui-ci n'eût jamais cessé d'éclairer le globe.

IX

Démonstration
prouvant qu'il n'y a pas eu de premier jour ni de première nuit

Quoique ces épaisses vapeurs éclipsassent le Soleil au point d'obscurcir considérablement sa lumière, elles ne devaient pas produire une obscurité complète, ou, si cela arrivait parfois, ce ne pouvait être que momentanément ; il est donc certain que le jour a toujours régné sur la Terre, mais il n'en a pas été de même de la nuit ; car tant que la Terre fut lumineuse, il n'y eut certainement pas de nuit ; et la nuit n'a pu commencer que très-graduellement, selon que la Terre s'est éteinte ; et elle s'est éteinte bien lentement, si elle a employé cinquante mille siècles pour perdre chacun de ses degrés de chaleur, ainsi que le donne son âge. Il est donc bien prouvé par là qu'il n'y a pas eu de première nuit. Ce fut tout pareil à un homme qui aurait vécu assez longtemps pour devenir chauve en perdant tous les ans un cheveu ; pourrait-on dire quel premier jour il aurait été chauve ?

À cette époque perdue dans la profondeur de la nuit des temps, et qu'on ne se représente que difficilement par l'idée, notre globe était encore très-éloigné du temps où il allait recevoir les premiers germes de la vie organique et les faire éclore ; car sa température était encore beaucoup trop élevée pour ne pas les détruire ; ils attendirent, pour y descendre, qu'elle fût assez abaissée et propice à leur développement.

X

Des volcans

Je dirai quelque chose ici des volcans ; on a ainsi nommé les ouvertures faites à la croûte terrestre par la vapeur produite par l'eau et le feu souterrains.

Je dirai donc que ces ouvertures ou cratères de volcans peuvent être comparés à la bonde d'un tonneau plein de vin en fermentation ; si on bouche solidement la bonde, le tonneau est aussitôt brisé par la force du gaz ; et il en est de même de la Terre, quand il s'infiltre de l'eau auprès du foyer central, elle est aussitôt réduite en vapeur, et il faut qu'elle se fasse jour de suite ; tant mieux s'il se trouve le cratère d'un volcan pour donner issue à la vapeur, au feu, à la fumée et autres corps que la force fait jaillir du sein de la Terre ; car, sans cela, elle ferait sauter de suite la partie du globe qui se trouverait au-dessus d'elle, ou la soulèverait en montagne, tant pesante et grande fût-elle. Ainsi, si on pouvait boucher assez solidement le volcan du Vésuve, on serait certain qu'à la première grande éruption, la ville de Naples sauterait avec le pays environnant et ne ferait plus qu'un monceau de ruines. Quand les éruptions continuent longtemps, c'est que l'eau continue d'arriver au foyer central ; et quand il se fait des tremblements de terre, c'est qu'il n'y a pas assez de vapeur dans ses entrailles pour la démolir. Telle est mon opinion sur les causes des volcans et des tremblements de terre. Pline l'Ancien n'avait pas connaissance de ces causes-là, puisqu'il s'avança à la bouche du Vésuve en activité pour en saisir les secrets, et y perdit la vie. Cette grande éruption eut lieu en l'an 79 et ensevelit Herculanum et Pompéi sous ses débris.

On cite des laves qui coulaient encore après dix ans d'éruption, sur des pentes faibles ; et d'autres qui mirent 26 ans à se refroidir.

Les volcans éteints dégagent souvent des gaz dangereux, comme celui de Guévo-Hupas, à Java, dont l'acide carbonique tue tous les êtres vivants qui y passent ; le sol est tout couvert de leurs squelettes.

Retournons à la formation de l'écorce terrestre que nous avons laissée pour parler du jour et de la nuit.

A partir de cette époque et même longtemps avant, les eaux, malgré tous leurs ravages, ne purent pas remuer toute la croûte de la Terre, car les débris ayant acquis trop d'épaisseur, il en resta dessous des parties que l'eau ne put remuer, et qui restèrent intactes. Ces couches inférieures cristallisées se sont toujours augmentées depuis cette époque, et il est probable qu'elles augmentent encore aujourd'hui par

2.

le refroidissement. On nomme ce terrain roche de cristallisation ou terrain primitif ; cependant, il a été le dernier formé, puisqu'on admet qu'il est probable qu'il s'en forme encore aujourd'hui ; mais toutes les autres couches n'étaient pas en place : elles ont été posées successivement par les bouleversements, les déluges ou inondations et les dépôts. Ce terrain ou cette roche est certainement du caillou ou du granit du plus dur. Ce qu'on appelle lave des volcans est de cette matière en fusion, qui, lors des éruptions, se trouve repoussée si vivement qu'elle sort de la Terre avant de se cristalliser ; c'est de cette matière ignée fluide dont est composé tout le milieu du globe.

A dater de ce temps, ce ne fut plus un combat continuel, ce ne furent qu'à de longs intervalles, de grandes convulsions, dont les premières déposèrent les premières couches de la Terre, dans lesquelles on ne trouve aucun vestige de la vie organique ; ce qui prouve qu'à ces époques reculées, il n'existait encore aucune création sur la Terre, ni végétale ni animale. Ces grandes convulsions de la Terre produisirent des montagnes, des mers, des fleuves et d'immenses dépôts, c'est-à-dire des changements ; une montagne surgissait du fond d'une mer et une autre montagne ou tout un continent s'enfonçait et était remplacé par les eaux de la mer, et, à une autre convulsion suivante, il pouvait être soulevé de nouveau et redevenir un pays élevé et même une chaîne de montagnes ; c'est ce qui est arrivé bien des fois, ainsi que le prouvent les différentes couches de terrain dont se compose la Terre, et dans lesquelles on voit tant de coquillages marins.

Les tremblements de terre et les phénomènes qui les accompagnent ont donné une première indication sur les moyens employés par la nature pour former les inégalités d'altitudes ou de hauteurs qu'on reconnaît sur la Terre.

Comme je viens de le dire, les soulèvements sont produits par la vapeur et autres gaz ; quant aux affaissements, ils peuvent provenir de plusieurs causes : soit pour remplacer la matière emportée par un grand soulèvement voisin, soit par la rupture d'une voûte souterraine soulevée depuis longtemps, et qui retombe dans l'endroit d'où la vapeur l'avait soulevée.

Les nappes d'eaux souterraines sont des cavités qui ont été formées par la vapeur, et dont la voûte s'est solidifiée par le temps, et où l'eau est arrivée ensuite ; en s'affaissant, elles peuvent occasionner des tremblements de terre et engloutir certaines parties de terrain.

Les souterrains, les grottes et les cavités que l'on trouve dans les montagnes sont souvent aussi le résultat de soulèvements qui se sont consolidés pendant que la vapeur les soutenait encore, absolument comme les trous du pain qui cuit au four. Il y a des cavités ou crevasses perpendiculaires dans les rochers, qui sont aussi le résultat de tremblements de terre, de soulèvements, de secousses qui ont cassé et entr'ouvert les rochers.

Les tremblements de terre de la Calabre, en 1783,

ont bouleversé toute la partie méridionale de l'Italie ; les cours des rivières furent changés, des champs furent soulevés, d'autres furent abaissés au-dessous de leur niveau primitif; des vallées furent formées par des éboulements ou des soulèvements formidables, et les eaux supérieures, accumulées faute d'écoulement, brisèrent leurs barrières et produisirent des inondations effrayantes en s'ouvrant de nouvelles routes.

Au Chili, on a vu des phénomènes encore plus extraordinaires : les côtes de l'Amérique furent soulevées sur une étendue de près de neuf cents kilomètres, ainsi que le fond de la mer à une grande distance des côtes ; dans l'Inde, en 1819, on vit s'élever une colline de cent kilomètres de long sur trente de large au-dessus du niveau de la plaine où coule l'Indus, pendant qu'à côté, d'autres contrées furent abaissées.

Dans ces temps modernes, on a vu d'importants soulèvements qui ont changé des plaines en montagnes élevées, comme le Jurullo, au Mexique, ainsi que différentes îles dans les mers, soit subitement, soit graduellement. Même en l'année 1866, une nouvelle île a été soulevée du fond de la mer, près l'île de Santorin, à 50 mètres au-dessus du niveau de l'Océan, et les coquillages avec. En cette même année 1866, un affaissement a eu lieu dans l'Asie-Mineure, et a englouti plusieurs communes et villages qui ont été recouverts par les eaux de la mer. On est donc nécessairement amené à conclure que toutes ces grandes chaînes de montagnes ont été formées par des soulèvements successifs.

En examinant les terrains soulevés du fond des mers, on les a reconnus chargés de coquillages marins, qui avaient suivi le fond sur lequel ils étaient au moment où le phénomène s'est passé ; comme la végétation d'une plaine affaissée avait suivi le sol sur lequel elle se développait lors de son effondrement, et fut par la suite réduite en charbon de terre par son voisinage du foyer central.

En reconnaissant que nos hauts plateaux et nos plus hautes montagnes contiennent de grands dépôts d'animaux marins à l'état de fossiles, il fallut supposer, ou que la mer s'était élevée jusqu'aux altitudes occupées par ces fossiles, ou que les montagnes qui les recèlent avaient surgi du fond des mers.

Les preuves de ces soulèvements s'accumulent avec une telle abondance et par l'observation de la croûte terrestre et par les faits qui se passent encore de nos jours, qu'ils sont devenus une certitude scientifique reconnue et vérifiée de notre temps. Qu'en devait-il donc résulter quand la Terre était tout en feu ?

XI

Température actuelle du Globe terrestre, donnant l'âge de la vie organique

Aujourd'hui, la surface de la Terre possède encore par elle-même une chaleur d'environ dix degrés centigrades, et cette chaleur naturelle de la Terre augmente toujours, à mesure que l'on descend à de plus grandes profondeurs; cette augmentation n'est pas régulière : elle est soumise à la plus ou moins grande conductibilité des roches; elle varie suivant cette conductibilité. Cette augmentation est due à la chaleur centrale de la Terre, cela est incontestable; et cette augmentation de chaleur est la preuve certaine que son centre est encore en feu, et cet état de feu du centre de notre globe est la preuve de son origine.

A Paris, la température moyenne annuelle à la surface du sol est de dix degrés huit dixièmes au-dessus de zéro du thermomètre centigrade. On sait que dans toutes nos caves il ne gèle pas, ni même dans les bâtiments bien clos, où le vent n'entre pas; il est donc certain que le froid provient de l'atmosphère et non de la Terre, puisque toute terre couverte et préservée de l'action des vents ne gèle pas; il reste donc encore à la Terre un peu de chaleur à sa surface; lorsque la terre étant peu gelée, il tombe beaucoup de neige qui reste longtemps, la terre dégèle dessous. Cette chaleur de la Terre est de dix degrés environ dans les caves peu profondes.

Les eaux jaillissantes des puits artésiens de Saint-Ouen, près de Paris, viennent d'une profondeur de soixante-six mètres, et leur température est de douze degrés neuf dixièmes; c'est une augmentation de température de 1 degré 05 par vingt et un mètres de profondeur au-dessous de la couche invariable de la température, qui est à vingt-quatre mètres de profondeur en ce lieu.

Les eaux du puits de Grenelle, dans Paris même,

sortent d'une profondeur de cinq cent cinq mètres ; elles ont une température de 26 degrés 43 ; l'augmentation est de un degré par trente mètres de profondeur.

On connaît des sources naturelles jaillissantes dont la température des eaux atteint cent degrés et même plus ; c'est le degré nécessaire pour faire entrer l'eau en ébullition. Ces eaux doivent sortir d'une profondeur qui peut varier de trois à quatre mille mètres.

Il est donc bien prouvé que la chaleur augmente à mesure qu'on s'enfonce dans la Terre à une plus grande profondeur vers son centre ; on admet généralement, pour cette augmentation, une moyenne d'un degré centigrade par trente-trois mètres de profondeur.

En supposant que cette progression se suivît jusqu'au centre de la Terre, sans trouble et sans modification, on aurait à un kilomètre de profondeur 44°1 ; à dix kilomètres 318°8 ; à cinquante kilomètres 1,521°8 ; à cent 3,040°8 ; à mille 30,310°8 ; et enfin au centre de la Terre, on aurait l'énorme température de près de deux cent mille degrés (192,909°).

Mais comme on estime que la croûte terrestre doit avoir environ cinquante à soixante kilomètres d'épaisseur, mon opinion est, qu'une fois arrivé à l'endroit où la matière ignée est encore liquide, la chaleur ne doit plus augmenter ; car cette matière ayant été primitivement à l'état gazeux, ainsi qu'on le suppose, il a fallu un abaissement de température pour l'amener à l'état liquide, et comme, depuis ce temps, la température a toujours perdu de sa chaleur, il n'est pas possible que cette matière centrale soit retournée à l'état gazeux; ce qui aurait eu lieu si la chaleur allait toujours en augmentant jusqu'au centre de la Terre.

D'après tout cela, il est donc bien prouvé que l'intérieur de la Terre est une matière tenue en fusion par la grande chaleur. Il ne faut donc pas s'étonner des effets des volcans et des tremblements de terre ; c'est, comme je l'ai déjà dit, le résultat de l'eau réduite en vapeur, quand elle approche de ce terrible foyer, qui occasionne la réaction de la matière ignée liquide.

Toutes ces connaissances m'ont amené à tirer les conclusions suivantes, concernant l'âge de la vie organique sur la Terre et de l'industrie de l'homme.

La formation de la première pellicule de la croûte de la Terre remontant à quatre-vingt-dix-huit millions de siècles, suivant qu'il résulte des calculs présentés à l'Académie des sciences, par un de nos savants, calculs basés, sans doute, sur le temps nécessaire au refroidissement des corps durs. L'augmentation de la chaleur de la Terre étant de un degré par 33 mètres de profondeur, sa croûte est évaluée à 50 ou 60 kilomètres environ d'épaisseur ; à cette profondeur, sa température doit être de quinze à dix-huit cents degrés de chaleur ; quinze cents degrés sont la température du fer liquide ; descendons dans cette matière et arrêtons-nous à mille neuf cent soixante-dix degrés de chaleur ; car il est à présumer qu'à son centre, la Terre n'est peut-être pas plus chaude, et surtout qu'au moment de commencer sa première pellicule, sa température ne devait pas être plus élevée à sa surface.

Puisque la Terre ne possède plus que dix degrés de chaleur à sa surface, elle en a donc perdu mille neuf cent soixante environ depuis quatre-vingt-dix-huit millions de siècles ; ce qui donne vingt degrés de refroidissement par million de siècles, et un degré seulement tous les cinquante mille siècles; cela démontre une fois de plus que Dieu a toujours pris son temps pour l'accomplissement de ses grandes œuvres.

Aujourd'hui, la chaleur moyenne de la surface de la Terre étant d'environ dix degrés, il est à présumer, et je présume que la création de l'homme et des animaux mammifères n'a pas pu avoir lieu dans une atmosphère variant du froid au chaud et du chaud au froid, mais à l'époque où la Terre possédait encore par elle-même à sa surface cinquante degrés de chaleur environ ; c'est-à-dire avant que le Soleil ait établi son empire sur notre globe pour en varier la température de la nuit au jour, du froid au chaud ; car, tant que le Soleil n'eut pas répandu sa chaleur sur la Terre, la température y était toujours constante et uniforme, nuit et jour, par les temps clairs ou couverts, sous les pôles comme sous l'équateur, puisque c'était la Terre qui donnait la chaleur et non le Soleil ; et, dans ces temps-là, le vent ne devait que fort peu régner sur la Terre, la chaleur étant à peu près partout la même.

Depuis cette époque, la Terre a donc perdu quarante degrés de chaleur, malgré celle du Soleil, qui en a peut-être un peu retardé le refroidissement, et tout en ne tenant pas compte de ce retard, qui, à la vérité, a pu être bien faible, ces quarante degrés perdus ne donnent pas moins de deux millions de siècles pour l'âge de l'homme.

Comme on ne pense pas que les premiers végétaux pas plus que les animaux aient pu exister dans une chaleur de soixante degrés, il n'y aurait que deux millions cinq cent mille siècles, au plus, que les premiers germes de la vie organique se seraient développés sur la Terre ; et ainsi celle-ci aurait été, pendant quatre-vingt-quinze millions de siècles, en combat avec les eaux et inhabitable, temps qu'elle a employé à se pulvériser et à se réduire en terre propre à produire des végétaux et à nourrir des animaux.

Par tout ce qui précède, il est donc prouvé que la Terre sur laquelle nous vivons, et qui nous nourrit tous, fut primitivement un globe de matières en fusion, enflammées et lumineuses comme le Soleil, qui, par le refroidissement, se coagula peu à peu et fut disloqué à sa surface par les eaux et l'effet de sa chaleur, et dont les débris, devenus des cailloux, furent par la suite du temps brisés, usés et pulvérisés les uns sur les autres, et en partie réduits en sable, dont il nous reste, Dieu merci, d'assez grands amas. Le laitier en fusion dans nos grandes forges en se coagulant, ne devient-il pas aussi de vrais cailloux, mais moins durs; et quand il est pulvérisé par nos voitures, sur nos routes, ne devient-il pas sable et terre? C'est un exemple en petit de la formation de la Terre. Mais une grande partie des cailloux fut réduite en poussière par l'action de l'eau et du feu, et par le frottement, et en poussière si fine qu'elle put composer les terres grasses et l'argile même, et toutes les terres qui, en se pétrifiant, devinrent pierre, ardoise, marbre, craie, etc.; mettez sous vos dents de l'argile la plus fine, et vous sentirez craquer le sable, ce qui est la preuve que toutes les espèces de terres sont composées de débris de cailloux plus ou moins fins, plus des débris de la vie organique et des minerais. Cette pulvérisation des cailloux et des pierres ensuite s'est continuée jusqu'à nos jours, et depuis que l'homme cultive la terre, il est devenu un nouvel agent de pulvérisation, par ses voitures et ses instruments de culture, qui n'ont cessé et ne cessent encore de les écraser et de les user tous les jours par la pression et le frottement, et tous les cours d'eau en font autant des cailloux et des pierres en les roulant les uns sur les autres. L'homme, par son industrie, mélange aussi les métaux à la terre, d'où il les a d'ailleurs tirés.

On sait que les courants d'eau, dans leur course, déposent d'abord les objets les plus lourds et les plus gros, comme les pierres, puis les gros cailloux, les petits ensuite, le gros sable, puis le sable fin, le sablon après, puis la terre ou vase de différente finesse;

c'est par cette raison qu'en certains endroits de la
Terre, il y a beaucoup de cailloux, et que d'autres
terrains sont sablonneux; tantôt ce n'est que du sable,
tandis qu'autre part ce sont de bonnes terres franches,
sans mélange ; ailleurs, ce sont des terres pierreuses
ou calcaires, mais ici c'est le résultat d'un accident
et non d'un dépôt ; c'est un terrain qui a été soulevé
par une convulsion du globe, et dont il n'est resté
que peu de débris sur la pierre, débris qui ont été depuis remués et mélangés à la pierre par les hommes.

La craie et la pierre blanche sont le résultat de
pétrifications de la poussière la plus fine et de débris
d'animalcules marins. On voit des pierres qui ne
sont composées que de sable plus ou moins fin et
même de cailloux pétrifiés ou collés ensemble, comme
la pierre de Coulandon, les grès, les meules à aiguiser ; on nomme ces dernières pierres de sablon.

La Terre, comme le dit l'ouvrage de M. Bouffard,
est isolée dans l'espace comme les étoiles, et comme
notre satellite la Lune ; elle a été fluide et brillante
par elle-même, comme toutes les étoiles fixes et
comme le Soleil, centre de notre système planétaire ;
et, comme ce dernier nous éclaire et nous réchauffe,
la Terre a éclairé et réchauffé son satellite la Lune,
refroidie bien avant elle ; puis elle a perdu, par son
rayonnement dans l'espace, sa température et sa lumière, elle s'est éteinte, elle a cessé de briller, comme
les étoiles que nous venons de voir disparaître de
notre ciel ; c'est alors vers cette époque que la nuit
a commencé à régner sur la Terre.

La Terre est donc un Soleil éteint, qui s'est cristallisé et dont la surface est devenue solide et opaque par le refroidissement.

Aujourd'hui, si la Terre est encore brillante et même lumineuse, c'est par une lumière empruntée ; comme la Lune et toutes les autres planètes qui nous apparaissent comme des étoiles errantes, elle réfléchit les rayons solaires qui éclairent tout le monde planétaire.

Et, comme tous ces astres, la Terre roule dans l'immensité ; rien ne peut tomber en dehors d'elle, rien ne peut la quitter sans y revenir aussitôt ; selon les lois de la pesenteur ou attraction terrestre, toutes les parties qui composent la Terre ont une tendance à tomber vers son centre.

Les grandes convulsions de la Terre ont produit ce que nous appelons déluges, ou grandes inondations du globe, et ces grands déluges ont déposé chacun une couche de terrain, dont est composée la croûte terrestre ; on a distingué vingt-sept principales couches, dont la plupart furent déposées par ces inondations, et les autres par les eaux tranquilles de la mer ; et l'homme n'a souvenir que du dernier déluge, qui, en comparaison des autres, est encore bien près de nous, s'il n'y en a eu que vingt-sept, car en supposant que la Terre ait perdu soixante degrés de chaleur depuis que la première couche fût déposée ou laissée en repos par les eaux sur les roches cristallisées, on aurait un espace de temps d'environ trois millions de siècles ; ce qui indique cette date de la première couche, appelée terrain cambrien ou schistes calcaires, c'est que dans cette forte couche, il n'y a jamais de fossiles, et que par conséquent elle a été déposée avant que la création ait existé, la Terre étant encore trop brûlante ; elle pouvait donc avoir soixante-dix degrés de chaleur, puisqu'on n'admet pas qu'il puisse vivre quelque chose dans une température au-dessus de soixante degrés ; mais, comme la première couche qui fut déposée sur celle-ci, le terrain silurien inférieur, contient des fossiles de plantes et d'animaux, et que naturellement ce second étage a été composé avec les débris ramassés par les eaux sur le terrain cambrien, j'en conclus que la création avait commencé à s'y développer sur les endroits élevés les moins chauds de la Terre et des eaux.

En divisant les trois millions de siècles par vingt-sept on aurait un intervalle de cent onze mille cent onze siècles entre chaque déluge, s'ils eussent eu lieu à des périodes régulières ; mais il est rationnel d'admettre que les premiers déluges furent bien plus rapprochés les uns des autres, attendu que la Terre était bien plus chaude et sa croûte moins solide qu'aujourd'hui, et par conséquent les derniers furent bien plus éloignés.

La terre que nous remuons et que nous foulons aux pieds, telle que nous la voyons, s'est donc formée des débris de la surface du globe ; elle est composée des débris de la matière première, appelée matière ignée, résidu du chaos, et des débris de la végétation et des animaux qu'elle nourrit depuis des millions de siècles.

Les débris de la Terre ont été faits par l'eau; s'il n'y avait pas eu d'eau, la Terre se serait refroidie lentement et tranquillement, sans aucune secousse, elle serait polie et brillante comme une boule d'acier et parfaitement ronde sans montagnes ni ravins ; mais l'eau combinée avec la chaleur l'a attaquée, brisée, défoncée et tant pulvérisée qu'elle l'a amenée à ce que nous la voyons. Si la Terre n'eût pas été ainsi bouleversée par l'eau, et qu'elle fût restée bien ronde avec l'eau qui existe, elle en serait toute couverte d'une couche de mille mètres environ d'épaisseur, et il n'y aurait ni terre visible, ni animaux, ni végétaux à sa surface.

On a reconnu depuis longtemps que la croûte terrestre que nous habitons est composée de trois espèces de roches, et l'on entend par roches, la terre labourable, aussi bien que le sable, l'argile, le rocher, la pierre, les cailloux, les roches cristallines, y compris les roches volcaniques, les roches sédimentaires ou stratifiées, et enfin les roches métamorphiques, comme les schistes, les marbres, les jaspes, etc.

Les roches cristallines, en continuant leur formation jusque dans les temps modernes, ont, par leurs convulsions, soulevé, disloqué, traversé et pénétré les terrains sédimentaires et cristallisés auxquels elles servent de base ; elles se sont introduites entre les parois des uns et les couches des autres, qu'elles ont séparées. C'est ce contact incandescent qui a modifié et transformé le terrain sédimentaire en roches métamorphiques, et la végétation engloutie, en charbon de terre.

Les roches granitoïdes sont apparues dès les premiers dépôts sédimentaires ; elles se trouvent jusqu'après le terrain jurassique.

XII

Division de l'écorce terrestre en vingt-sept couches principales

Selon M. Alcide d'Orbigny, le terrain sédimentaire est composé de vingt-sept couches ou étages formés par l'effet des bouleversements, appelés cataclysmes ou déluges, et aussi par des dépôts sous les eaux tranquilles de la mer, comme les craies et le calcaire ; couches qui renferment toutes des fossiles (sauf la plus profonde), débris de la vie organique détruite lors des catastrophes qui ont amené les déluges qui ont formé ces étages, car chaque grand cataclysme ou déluge, provenant d'un grand soulèvement du fond des mers, rendait certainement les eaux très-bourbeuses, qui, en inondant les terrains, les couvraient des matières qu'elles emportaient avec elles, détruisaient tout ce qui se trouvait sur leur passage, animaux et végétaux, et formaient du tout une nouvelle couche, qui souvent s'effondrait au-dessous des

eaux pour être soulevée plus tard par un autre cataclysme ; mais avant que ce soulèvement vienne, souvent il en arrivait ailleurs, qui renvoyaient des eaux
sales en cet endroit et y déposaient de nouvelles couches, jusqu'à ce qu'il soit soulevé à son tour, et ainsi
de même de toutes les parties du globe.

Les eaux des déluges ne parvenant pas sur les plus
grandes hauteurs, n'y pouvaient déposer de nouvelles
couches que quand elles s'effondraient sous les eaux ;
c'est pour cette raison qu'il manque beaucoup de
couches presque à tous les endroits, et chaque couche
de l'écorce terrestre n'a été formée qu'aux dépens de
ses précédentes. C'est sur ces grandes hauteurs que
les animaux terrestres restaient pour repeupler la
Terre lorsque la création spontanée fut terminée.

S'il était possible de faire un puits au travers de
toute l'écorce de la Terre où toutes les couches ou
étages qui la composent se trouveraient rassemblés
par ordre chronologique, on les aurait dans l'ordre
suivant, dit la cartographie de M. Bouffard.

Je commence ce tableau par les couches superfi-
cielles de la Terre, déposées par le dernier déluge, et
qui est le seul dont l'homme ait gardé le souvenir, et
je terminerai le tableau par la matière ignée encore
fluide aujourd'hui.

3.

TABLEAU

DES

DIFFÉRENTES COUCHES QUI COMPOSENT
L'ÉCORCE TERRESTRE

Epoque quaternaire	Epoque du diluvium	27. Alluvions modernes 26. Alluvions anciennes
Terrain tertiaire	Époque subapennine. Epoque de la mollasse Ep. du terr. parisien	25. Collin. subapennines 24. Mollasse 23. Calcaire grossier
Terrain secondaire	Epoque crétacée	22. Craie blanche 21. Craie marneuse 20. Craie tuffeau 19. Craie verte 18. Grès vert crétacé 17. Terrain des vealds
	Epoque jurassique	16. Groupe portlandien 15. Groupe corallien 14. Groupe oxfordien 13. Grande oolithe 12. Lias
	Epoque du trias et pénéenne	11. Marnes irisées 10. Calcaire coquillier 9. Grès bigarré 8. Grès vosgien 7. Calcaire pénéen 6. Grès rouge
Terrain de transition	Epoque carbonifère	5. Grès houiller 4. Calcaire carbonifère
	Epoque silurienne { Ter. dévonien Terr. silurien Ter. cambrien	3. Vieux grès rouge 2. Schist. charbonneux 1. Schistes calcaires
Terrain primaire	Epoque de cristallisation	Roches cristallisées Matières fluides

XIII

Matière centrale du Globe

Les matières fluides ou liquides sont le feu central de la Terre ; elles sont toujours telles qu'elles étaient quand elles quittèrent le Soleil ; la lave liquide ou pâteuse qui sort des volcans en éruption est de cette matière.

Les roches cristallisées reposent sur la matière première liquide et sont de la même matière, qui a perdu de sa chaleur, s'est coagulée et cristallisée.

XIV

Terrain cambrien ou silurien inférieur

Le terrain cambrien ou schistes calcaires est composé des premiers débris de la croûte terrestre que l'eau laissa en repos sur les roches cristallisées, et que par la suite elle ne parvint plus à enlever entièrement ; cette couche de terrain ne contient jamais de fossiles, n'importe en quel endroit où on la trouve ; ce qui prouve que, lors de son dépôt, il n'y avait encore eu aucune création organique. Elle doit être énormément épaisse en certains endroits : elle sert de

base à toutes les autres ; elle contient des ardoises,
des schistes et beaucoup de métaux précieux.

Ce fut sans doute sur les endroits les plus élevés de
cette couche, qui par cette position devaient être un
peu moins chauds, qu'il a pu exister quelque chose de
la vie organique, puisque dans la couche suivante inférieure, qui fut certainement composée avec ce que
l'eau entraîna de celle-ci, on trouve quelques fossiles
de plantes et d'animaux.

Il est probable que les pôles, ayant commencé à se
refroidir avant les autres parties du globe, furent les
endroits où la création commença à apparaître.

XV

Terrain silurien

On commence à trouver, dis-je, dans la couche
inférieure du terrain silurien, des fossiles de végétaux (des algues, des lycopodes) et d'animaux, lin-
gules, puis des articulés, des crustacés et quelques
poissons ; on ne reconnaît pas lesquels furent créés
les premiers, des végétaux ou des animaux ; mon opinion penche pour donner la primauté aux végétaux,
car les végétaux peuvent bien croître sans animaux,
mais les animaux ne peuvent guère vivre avec toute
absence de végétaux ; dans tous les cas, c'est une
preuve à peu près certaine que déjà, sur le terrain

cambrien, il vivait quelque chose ; et il faut donc en conclure aussi que la chaleur était déjà descendue au-dessous de soixante degrés, et que cette époque remonterait à deux millions cinq cent mille siècles environ.

On y trouve aussi des schistes noirs ou charbonneux qui produisirent les ardoises des Ardennes. Le mot charbonneux indiquerait une végétation brûlée.

M. Alcide d'Orbigny a trouvé le terrain silurien avec ses fossiles dans les Andes de l'Amérique, à cinq mille mètres au-dessus du niveau de la mer.

XVI

Terrain dévonien

Dans le terrain dévonien, on trouve l'anthracite et des marbres, preuve qu'il y avait déjà une immense végétation sur le terrain silurien, composée principalement de roseaux et de fougères arborescentes, qui ont composé l'anthracite en brûlant sous terre. On trouve beaucoup de débris de poissons.

XVII

Terrain houiller

On appelle terrain houiller la quatrième et la cinquième couches, parce que c'est dans ces couches qu'on trouve la houille en plus grande abondance; elle a donc été composée avec la végétation produite par le terrain dévonien, puis par celle de la quatrième couche, qui, selon les observations, se composait principalement de fougères en arbres et de prêles arborescentes; il fallait qu'il y en eût d'immenses quantités quand les déluges qui les ont enterrées sont arrivés; mais alors la Terre entière était couverte de ces plantes, et sous l'influence de sa propre chaleur, des pluies chaudes et presque continuelles, qu'on se figure quels immenses arbres il devait y avoir, attendu qu'ils poussaient continuellement d'une végétation immense, nuit et jour et à perpétuité, favorisés par une chaleur humide, continuelle, uniforme et sans arrêt, et cela pendant des milliers de siècles. Les calculs donnent cent onze mille siècles environ en moyenne entre chaque déluge.

Les plus gros arbres tombaient de poids et de vieillesse pour faire place aux autres et fertiliser le terrain, et quand les grands déluges de l'époque carbonifère arrivèrent, ils bouleversèrent, entraînèrent, amoncelèrent et couvrirent ces immenses dépôts de plantes qui devinrent notre houille par l'effet de la chaleur du centre de la Terre.

On trouve aussi dans ces mêmes couches de terrain des débris de grands sauroïdes, moitié poissons, moitié reptiles ; ce sont à peu près nos crocodiles ; dans la dernière couche (cinquième), on trouve les premières coquilles d'eau douce, et le mégalicthis, moitié poisson, moitié tortue.

Le calcaire et l'anthracite de l'époque précédente, mélangés ensemble, ont produit le calcaire carbonifère; quelquefois ce calcaire a été soumis à une haute température : dans ce cas, il s'est métamorphosé en marbre noir de Dinan ou en marbre gris de Sainte-Anne.

XVIII

Epoque du trias et pénéenne, grès, calcaire, marnes irisées.

Les six couches de terrain qui sont surperposées au-dessus des cinq premières sont appelées terrain de l'époque du trias et pénéenne.

Ces six couches de terrain, un peu différentes les unes des autres, représentent six grands principaux déluges ou dépôts ; elles représentent aussi la durée de bien des milliers de siècles.

Les premiers de ces déluges détruisirent les ani-

maux de l'époque précédente en grande partie ;
on trouve, dans les couches suivantes et dans le grès
bigarré, des fossiles de reptiles voisins des iguanes et
des monitors, grands sauriens, moitié lézards et
moitié crocodiles; des coquilles nouvelles et beaucoup
de poissons.

On trouve dans le grès bigarré, en Amérique et en
Allemagne, des empreintes de pattes qui ressemblaient presque à des mains, sans savoir à quel animal
les attribuer ; mais plus tard on découvrit une grande
partie de son squelette, que l'on possède aujourd'hui,
et on a parfaitement reconnu que c'était un batracien
ressemblant assez à une grenouille, et qui atteignait
la taille d'un bœuf.

Cette taille colossale indique un animal redoutable :
car ses griffes et ses dents sont celles d'un carnassier ; il devait répandre une juste terreur autour
de lui.

Un crapaud avale facilement les plus grosses li-
maces ; le labyrinthodon (nom que la science a
donné à cette grenouille), par conséquent, avalait
avec la même facilité, un animal de la grosseur d'un
mouton.

On a aussi trouvé dans cette même couche de
grès, aux Etats-Unis, les empreintes de pieds d'oiseaux dont les doigts avaient cinquante centimètres
de longueur, et les pas sept à huit pieds de distance.

Si les proportions de son corps ressemblaient à
celles de nos gallinacées, il devait mesurer de treize

à quatorze pieds, c'est-à-dire deux fois la grandeur de l'autruche.

Tous ces animaux ne sont encore que des ovipares.

On trouve pour végétation des débris de conifères pour la première fois.

C'est sans doute aussi à la fin de cette immense période ou sur celle du lias, que les animaux mammifères furent créés, puisqu'on en trouve des restes dans la couche suivante (oolithe inférieure) ; il est vrai qu'on ne parle que des restes de marsupiaux ou didelphes et de cétacés, mais les autres ne durent pas tarder non plus, quoiqu'on n'en ait pas trouvé les restes dans les terrains jurassiques.

Toutes les eaux sur la Terre étaient encore chaudes à cinquante degrés au moins. On peut bien admettre cette chaleur, attendu que le Soleil n'y avait encore aucune influence, et qu'aujourd'hui encore, sous l'équateur, où il exerce toute sa force, il donne cette chaleur de cinquante degrés.

Je donnerai plus loin mon opinion sur la création ou formation de la vie organique, végétale et animale.

XIX

Epoque jurassique

L'époque jurassique se compose de cinq couches de terrain qui représentent cinq grands bouleversements ; la première de ces couches est nommée couche du lias. Le reste, divisé en quatre parties, se nomme la grande oolithe, parce qu'elle est presque toute composée de petits grains comme des œufs de poissons ; dans la plus basse, on trouve les premiers débris des mammifères dont j'ai parlé, et des restes d'oiseaux pétrifiés dans un rocher. Dans les couches supérieures, on trouve des insectes, comme la libellule, des papillons, des abeilles ; partout des débris de conifères d'une luxuriante proportion ; fleuves immenses, humidité générale.

Le terrain jurassique, qui tire son nom des montagnes du Jura, qui en sont presque toutes composées, est une des plus importantes formations de l'écorce terrestre ; il renferme aussi des couches de houille, mais en dépôts bien moins considérables que le terrain houiller.

Il y a des mines de houille au niveau de la mer ; il y en a sous la mer, comme celle d'Angleterre, qui est exploitée à plus d'un kilomètre sous la mer et à cent mètres au-dessous de son fond ; d'autres sont exploitées à quatre mille six cents mètres au-dessus du niveau de l'Océan. Tout cela prouve les convulsions du globe.

C'est l'époque des ptérodactyles, animaux qui étaient de plusieurs grandeurs, mais dont les plus grands atteignaient la taille d'une grosse oie ; ils avaient un corps de reptile, la tête d'un oiseau, avec un grand bec muni de soixante dents de mammifère carnassier et de grandes ailes membraneuses comme celles des chauves-souris, et quatre pattes disposées comme celles de ces derniers animaux. On trouve son squelette entier dans le lias et l'oolithe. Cet animal rappelle à l'imagination ces dragons fabuleux sur lesquels on a établi tant de contes.

On y trouve aussi le ramphorhinchus, reptile volant, à quatre pattes, ayant un grand bec et une longue queue (animal affreux).

C'est aussi l'époque de l'ichthyosaure ou poisson lézard ; ce reptile avait de vingt-cinq à trente pieds de longueur, une queue comme celle du lézard, mais proportionnellement beaucoup plus courte.

La tête et le museau très-longs ont quelque ressemblance avec le brochet ; les mâchoires sont armées de dents aiguës ; de grands yeux qui annoncent que l'animal était nocturne ; quatre nageoires remplacent les pattes et en servaient peut-être aussi ; c'était assurément un animal effrayant et très-dangereux dans les endroits marécageux.

Il respirait en plein air et non dans l'eau comme les poissons.

Ses pattes en forme de nageoires indiquent qu'il ne s'éloignait pas de l'eau.

On trouve aussi le plissaure ou plésiosaure, qui, comme l'ichthyosaure, n'a pour moyen de locomotion que quatre pattes ou nageoires qui ressemblent à celles d'une tortue de mer, et ne peuvent guère lui servir pour marcher sur terre ; il a un long cou de serpent terminé par une tête de lézard, armée de dents énormes, coniques et pointues ; ce cou s'emmanche dans un tronc de quadrupède. Son corps dépassait de beaucoup la grosseur d'un cheval et atteignait de sept à dix mètres de longueur.

On trouve encore le mégalosaurus, qui était un crocodile gigantesque, dont le corps atteignait de quinze à dix-huit mètres de longueur. La forme tranchante de ses dents annonce un animal extrêmement vorace. Les endroits où on trouve ses restes indiquent que c'était un animal marin d'une puissante organisation.

On voit aussi dans le terrain jurassique des coquilles en forme d'escargot, appelées ammonites, qui ont jusqu'à un mètre de diamètre.

Le terrain jurassique, qui est une des plus puissantes formations de l'écorce de notre globe par son épaisseur, est aussi le plus riche en fossiles de grands reptiles.

On croit reconnaître que déjà à la fin de cette époque, les saisons étaient établies, et que les pôles commençaient à devenir froids ; on parle déjà de neige. Je ne pense pas que la neige soit apparue si vite sous les pôles, puisque les éléphants, les mastodontes et autres gros animaux ont pu y vivre jusqu'à la période glaciaire, dont je parlerai plus loin.

XX

Époque crétacée

L'époque crétacée contient encore six couches dépôts de six grandes époques ou cataclysmes , dont les derniers soulevèrent du fond des mers les Pyrénées, les Apennins, les Alpes Juliennes et les monts Karpathes.

On trouve dans ces couches des restes de poissons voisins des brochets, des saumons, d'énormes requins, des crocodiles et l'aspydorhinchus, qui avait presque le corps d'un brochet avec le museau d'un espadon. On ne trouve plus dans ces terrains les grands reptiles ni les sauriens des époques précédentes : ce sont des reptiles marins et fluviaux, des crocodiles et des tortues d'eau douce , le mosasaurus et l'iguanodon et des oiseaux échassiers que l'on rencontre, mais pas encore d'hommes ni d'autres mammifères, plus même de marsupiaux qu'on avait trouvés dans les terrains jurassiques, et qui existaient cependant encore assurément, car si l'espèce en eût été éteinte, il n'est guère probable qu'elle eût reparu plus tard. On n'a vu dans l'étude de la géologie aucun exemple de cette nature. Je maintiens donc à plus forte raison que les autres mammifères et l'homme existaient aussi à cette époque, mais peut-être très-rares, ou en des endroits où les géologues n'ont pas pu porter leurs études, comme par exemple sous les abîmes des mers actuelles.

Le mosasaurus trouvé dans le bassin de la Meuse mesurait dix mètres de longueur : il n'était ni un crocodile, ni un lézard, mais tenait le milieu entre eux.

Ses mâchoires, longues de quatre pieds, s'ouvraient jusque au delà des yeux.

L'iguanodon ne le cédait en rien pour la taille au mosasaurus, car il avait vingt mètres de longueur et cinq mètres de circonférence.

Quatre jambes monstrueuses, plus grosses que celles des plus gros éléphants, supportaient cet animal gigantesque, qui avait des formes de lézard.

Enveloppé d'une cuirasse d'écailles impénétrables, et doué d'une force prodigieuse, il aurait été le plus terrible animal de la création, s'il eût été carnivore ; mais ses dents démontrent qu'il se nourrissait de végétaux.

Il habitait les marais et les grands lacs d'eau douce.

Il y a encore en Amérique une iguane d'un mètre de long, qui représente en petit l'iguanodon des temps passés; il vit sur les arbres, de fruits, de graines et de feuilles.

Pour végétation, on trouve toujours les conifères,

puis des plantes dicotylédones ; noyers, érables,
charmes et aunes, etc.

On trouve, dans les couches du grès vert, des empreintes nombreuses de pattes de reptiles et surtout de
tortues. On a trouvé des carapaces de tortues de huit
à dix pieds, dans le grès crétacé.

On trouve aussi dans le terrain crétacé les débris
de la seiche, et même le réservoir qui contient la matière colorante que les peintres ont nommée sépia ;
cette matière s'est bien conservée et n'a pas perdu
sa qualité pour la peinture depuis des milliers de
siècles.

Si les proportions gigantesques des animaux de
l'Ancien-Monde sont faites pour nous étonner, nous
ne devons pas être moins surpris de la grande multiplicité des infiniment petits qui ont vécu à la même
époque, et dont les dépouilles composent des terrains
de plusieurs centaines de lieues carrées.

Les carapaces de ces infiniment petits sont tellement fines, qu'un centimètre cube de craie en contient plus d'un million. L'imagination en est frappée,
lorsqu'on nous dit que la couche de craie blanche qui
s'étend depuis la Champagne jusqu'en Angleterre, a
une épaisseur de plus de deux cents mètres, et n'est
composée que de ces coquilles et carapaces.

Ces petits êtres existent encore de nos jours et forment encore, par leurs dépôts, des îles dans les
mers.

Depuis des siècles, le fond de la mer Baltique ne
cesse de s'élever par suite du dépôt constant qui s'y

fait d'un amas de tests et de coquilles calcaires,
joints aux sables et aux vases. Cette mer sera un jour
comblée par ces dépôts, et ce fait moderne, qui s'ac-
complit sous nos yeux, donne l'explication positive de
la manière dont les roches calcaires furent formées.

Le tripoli, le minerai de fer même, sont composés,
dit-on, des carapaces de certaines espèces de ces infiniment petits ; et l'observation démontre que leur
organisation ne le cède en rien à celle des grands animaux.

Les terrains crétacés, étant composés de petits coquillages marins, ont donc été formés sous les eaux
de la mer, puis soulevés par une convulsion, au-dessus de leur niveau, et sont restés un grand espace de
temps à nu, et pendant ce temps, des eaux douces y
laissèrent des dépôts assez considérables en certains
endroits, que l'on appelle argile plastique, et propre
à faire la faïence. Les couches supérieures de cette argile contiennent, dit-on, des bois pétrifiés et des débris d'animaux marins qui furent déposés par les
eaux de la mer, après une nouvelle convulsion du
globe, qui avait précipité de nouveau, ces terrains,
sous ses abîmes.

XXI

Terrain tertiaire, époque du terrain parisien, calcaire grossier, puis marne, argile et gypse ou plâtre au-dessus.

Ce calcaire grossier, qui est une bonne pierre à bâtir, a été formé sous les eaux de la mer après la catastrophe qui y a englouti les terrains crétacés; il consiste en une suite de couches considérables, plus ou moins remplies de coquillages marins, la plupart microscopiques. La ville de Paris en est en grande partie bâtie. Ces roches forment une partie de la masse entière de plusieurs montagnes et alimentent beaucoup de carrières; mais cette pierre manque dans la majeure partie des autres pays. Ce calcaire est la dernière formation qui indique un long séjour de la mer sur notre pays.

On trouve dans le calcaire grossier des dents de requins, des raies de dix-huit à vingt pieds de diamètre, des restes de lamantin. Des mammifères, des oiseaux, des reptiles, des poissons, des insectes, des mollusques, des tortues, etc., au-dessus.

On a trouvé ici, à Mornay, lieu de ma résidence, en 1856, sous les bancs d'une carrière de pierre calcaire, avec laquelle je fais de la chaux grasse de première qualité, et que j'ai tout lieu de prendre pour ce calcaire grossier, on a trouvé, dis-je, à quatorze

4

mètres de profondeur dans la pierre, une planche de deux mètres de longueur, réduite en terre, il est vrai, mais sur laquelle on reconnaissait très-bien les traits de la scie, et surtout l'endroit où les deux traits de scie s'étaient rencontrés au milieu de la planche.

Cette planche a donc été entraînée et déposée par le cataclysme qui précéda la formation de la couche calcaire, ou pendant sa formation.

Si réellement cette pierre est du calcaire grossier, cette pièce d'industrie fossile reporterait l'origine de l'homme, et surtout son industrie, à une époque de laquelle on n'a aucun indice.

On croit reconnaître qu'en ce temps-là toutes les sources étaient encore chaudes, ou thermales, grâce à la chaleur centrale de la Terre qui se faisait moins sentir à la surface.

La Terre était déjà assez refroidie pour que le Soleil pût y exercer son influence : de là des climats différents; en un mot, les saisons commencent à s'établir, mais bien moins tranchées qu'aujourd'hui, car les palmiers poussaient à cette époque aussi bien sous le climat de Paris qu'ils croissent aujourd'hui sous l'équateur.

Depuis déjà longtemps, une convulsion du globe avait soulevé le calcaire grossier, et plusieurs inondations avaient déposé sur lui des couches de marne, d'argile et de gypse ou plâtre; dans ces terrains, on trouve des palmiers entiers ; la végétation de l'Europe se rapprochait donc beaucoup de celle qui existe actuellement sous la zone équatoriale, puisqu'on a la preuve que des forêts de palmiers abondaient en France et en Angleterre.

À côté on trouve les plantes dicotylédones, plus ou moins analogues à nos chênes et à nos ormes d'aujourd'hui, des peupliers, des noyers, des saules, des bouleaux, etc.; les fougères arborescentes avec les palmiers étaient partout.

Les plus grands sauriens ont disparu, mais les crocodiles peuplent les principaux fleuves de l'Europe et notamment tous ceux de la France.

Dans l'argile et le gypse qui sont au-dessus du calcaire grossier du terrain parisien, on trouve des fossiles d'oiseaux et de mammifères herbivores, des poissons se rapprochant beaucoup de ceux de notre époque. On y trouve le palœothérium, animal de la taille d'un cheval, et qui tenait du tapir ; on en trouve de trois grandeurs, dont le plus petit était de la taille d'un lièvre. On trouve aussi l'anoplothérium, qui vivait dans les mêmes lieux que le palœothérium ; il avait la taille d'un âne, une queue énorme et des pieds à deux sabots comme le bœuf ; il y en avait de quatre espèces, dont la plus petite était de la taille d'un rat d'eau ; tous ces animaux vivaient dans les lieux marécageux et y étaient très-nombreux.

On a trouvé dans les mêmes terrains, en Allemagne, près des bords du Rhin, les restes du plus grand des mammifères fossiles, et Cuvier l'a nommé dinothérium ; sa taille dépasse celle des plus gros éléphants : il avait de cinq à six mètres de longueur. L'os de sa mâchoire inférieure se recourbe en bas, et porte à son extrémité deux énormes dents très longues, qui pouvaient servir à fouiller la terre dans les marécages ; son museau est prolongé en forme de trompe, beaucoup plus longue que ces deux grandes dents ou défenses.

On trouve dans les terrains des plâtrières de Montmartre les restes d'un animal qui tenait de l'hippopotame et du cochon, et dans les couches supérieures de cette période, des restes de carnivores tels que le mangouste, animal de la taille du loup, un grand chien fossile de la taille d'un cheval, puis un ours gigantesque, des squelettes d'écureuils, de grandes chauves-souris et un petit sarigue. On trouve la plupart de nos oiseaux.

Ces terrains ne figurent pas dans le tableau de M. Bouffard ; cependant, il est de toute évidence qu'ils ont été déposés sur le calcaire grossier par plusieurs déluges, puisqu'ils sont composés de trois couches différentes.

C'est à ces terrains que se rapporte le célèbre dépôt de sel gemme de Wielizka, en Pologne, dit-on.

On estime que cet amas de sel forme une masse de quatre cents kilomètres de longueur sur cent vingt-cinq de largeur. Il gît par couches stratifiées sur des lits d'argile et de grès.

Les travaux d'exploitation vont jusqu'à deux cent quarante mètres de profondeur. On y trouve des salles taillées carrément, soutenues par des piliers de sel, et hauts de cent mètres environ. L'intérieur de ces souterrains si extraordinaires contient, en outre, des chapelles ornées d'autels, de colonnes, des statues, des bancs, également en sel, des écuries habitées par des chevaux, un escalier de plus de mille degrés ; enfin, il renferme plusieurs lacs d'eau salée sur lesquels on peut se promener en bateau. Douze à quinze mille ouvriers, quarante à cinquante chevaux habitent ces singuliers souterrains, pendant plusieurs années, sans en éprouver le moindre malaise.

Comment ce sel a-t-il été déposé là ? on ne le dit pas. Je pense qu'un lac d'eau salée étant resté en cet endroit à la suite d'un déluge, aura été peu à peu desséché, et aura laissé ce sel à sec, qui aura été recouvert de terre par un autre déluge.

XXII

Epoque de la mollasse

Ce dépôt ne se compose que d'un seul étage qui produisit les grès de Fontainebleau et les faluns de la Touraine. On y trouve les restes de mastodontes, de rhinocéros, des hippopotames, des mammouths, des éléphants, des sangliers, des chevaux, des singes, des castors, des écureuils, etc., tous animaux d'un ordre supérieur, qu'on retrouve encore aujourd'hui pour la plupart, mais avec des dimensions inférieures. Jusque-là, nos géologues n'ont pas encore

4.

reconnu de restes humains, ce qui prouve que l'homme était encore très-rare à cette époque.

Dans les couches de ce terrain, on trouve en grand nombre nos pins, nos sapins, nos érables, nos peupliers.

Les troncs que l'on trouve dans les lignites se distinguent par d'énormes proportions ; on a retiré de la vallée de la Somme, près d'Abbeville, dit M. Berthoud, un tronc de chêne de quatre mètres de diamètre. Une telle dimension, sous un climat si chaud qu'il était alors, annonce qu'il y existait une grande humidité.

Le climat du Nord, à cette époque, était encore presque aussi chaud que celui de la zone torride l'est aujourd'hui, donc les saisons n'existaient encore guère.

De nombreuses espèces de bœufs, de buffles, de cerfs, peuplaient la France.

A côté de ces animaux inoffensifs, vivaient les carnassiers suivants : plusieurs espèces d'ours énormes, le lion des cavernes, le chat gigantesque, plus grand qu'un bœuf, car il avait plus de deux mètres de hauteur sur quatre de longueur ; ses dents aiguës étaient longues de seize centimètres, et ses griffes tranchantes avaient vingt centimètres ; c'était le plus dangereux animal de la création : aucun animal vivant ne pouvait lui résister,

On trouve aussi des chats de la taille du tigre, des lynx, des martres, des loutres, des lièvres, des rats, etc., des restes de pélican, d'ibis, de canards, de bécassines, de merles, de grives, de fauvettes, de cailles, de chouettes, de buzards, etc., des œufs et des plumes très bien conservés.

La mer, à cette époque, nourrissait des phoques, des morses, des marsouins, des baleines, des dauphins, etc., et les eaux douces, tous les poissons de notre époque.

XXIII

Époque subapennine

Un nouveau soulèvement fait surgir des mers les Alpes occidentales, le Mont-Blanc, le Mont-Rose, etc., et dépose le terrain subapennin ; le calcaire grossier est soulevé en plusieurs endroits.

L'époque subapennine contient à peu près tous les mêmes fossiles d'animaux que les deux couches précédentes ; les géologues reconnaissent enfin la présence de l'homme sur ce terrain, par ses restes et ceux de son industrie, trouvés au bas de la couche suivante.

Toutes les espèces d'animaux qui existent aujourd'hui existaient également sur le terrain subapennin, car on retrouve leurs restes dedans et dessous la couche du diluvium, en très-grande abondance.

Un cataclysme nouveau soulève les Alpes principales, entre le Saint-Gothard et l'Autriche ; un nouveau soulèvement des Andes de la grande Cordilière de l'Amérique paraît aussi se rapporter à cette période, dit l'écrit de M. Bouffard.

XXIV

Le diluvium, dépôt du dernier déluge

Nous voici enfin arrivés à l'époque du diluvium, c'est-à-dire à la couche de terre qui a été déposée par les eaux du grand cataclysme auquel les hommes ont toujours donné le nom de déluge.

Les mers, soulevées de leurs anciens lits, comme je viens de le dire, ont, comme un torrent général, balayé et désagrégé la surface du globe, entraînant avec elles des masses de vase, de sable, de cailloux, de pierres et tous les êtres qu'elles avaient noyés, ainsi que la végétation existante alors, les ont répandus sur toutes les plaines, et même dans les cavernes et souterrains des montagnes ; tandis que sur les hauteurs où l'eau passait plus rapidement, elle emporta les couches de terres précédentes, et a ainsi laissé, à bien des endroits, le calcaire à nu.

Ces masses d'eaux ont produit une inondation presque universelle, elles ont ainsi ravagé et détruit presque toute la vie organique développée sur la Terre ; les hauts plateaux de l'Asie centrale, de l'Arménie et de l'Afrique furent seuls épargnés par cette inondation, ainsi que les hautes terres de l'Améri-

que et de l'Océanie, dit la cartographie de M. Bouffard.

Ces sommités de notre globe, échappées à ce déluge, en cinq régions différentes, nous ayant laissé,
comme on le sait, chacune une race d'hommes qui
les habitent encore, nous prouvent que l'homme existait déjà par toute la Terre, puisqu'il y en avait dans
tous ces endroits-là ; et combien d'autres races
ont entièrement disparu dans cette terrible catastrophe ?

Cette couche de terre à laquelle on donne le nom
de diluvium renferme une grande quantité d'ossements, non-seulement d'animaux pareils à ceux de
notre époque, mais encore d'espèces dont les races
ont entièrement disparu de la Terre ; tels sont les mastodontes ou mammouths, le mégathérium, le grand
ours des cavernes, le rhinocéros velu à deux cornes,
le sivathérium, le cerf gigantesque, etc.

On trouve en France les ossements des espèces disparues de l'Europe, et qui se retrouvent encore dans
les pays chauds, comme l'éléphant, le rhinocéros,
l'hippopotame, l'antilope, le renne, l'élan, le chameau, le dromadaire, le porc-épic, le chevrotain-
musc, le vampire, les singes, etc., ce qui prouve qu'a-
vant le déluge, l'Europe jouissait encore d'une température très-élevée, car aujourd'hui ces animaux ne
vivraient pas en liberté sous notre climat ; ils péri-
raient de froid et de faim : la végétation ne serait
pas capable de les nourrir.

Ce grand refroidissement de la Terre depuis le déluge doit le reporter à une date beaucoup plus éloignée qu'on ne l'a toujours pensé.

On retrouve dans les grandes cavernes des montagnes, dont le sol a été recouvert par des stalagmites, en Allemagne et en France, de grandes quantités d'ossements de hyènes et du grand ours des cavernes, qui était de la taille du grand ours gris d'Amérique ; cet ours avait jusqu'à neuf pieds de long et six de hauteur ; c'était un formidable animal carnassier. On trouve aussi des ossements de tigres, de loups, de renards, de martres, de gloutons, de bœufs, de chevaux, de cerfs, d'éléphants, de rhinocéros et d'hommes.

On reste étonné du nombre prodigieux d'animaux entassés dans ces cavernes ; on a retiré d'une seule de ces grottes plus de mille squelettes complets d'ours.

Cette prodigieuse quantité d'animaux carnassiers qui ont couvert le globe jusqu'au déluge explique suffisamment pourquoi on ne rencontre pas de restes humains plus tôt: c'est parce qu'ils en dévoraient les quatre-vingt dix-neuf centièmes ; ils étaient les maîtres à cette époque, et l'homme, encore rare, n'avait aucun moyen de leur échapper. Il est même étonnant que l'espèce humaine n'ait pas disparu ; mais à cette époque, l'homme habitait sans doute des contrées ou il y avait moins d'animaux.

Tous ces animaux ont été poussés, à n'en pas douter, dans ces cavernes par l'inondation, qui les y a noyés ensuite.

On a vu, en Amérique, les animaux carnassiers et les herbivores se sauver ensemble devant un grand incendie, sans avoir souci les uns des autres, dominés par le danger commun, et entrer tous ensemble dans les grottes.

XXV

Période glaciaire

On a découvert, dans ces derniers temps, les restes et les traces d'une période glaciaire, qui a subitement couvert de neiges et de glaciers une moitié de notre globe aux deux pôles. Cette catastrophe a été subite. Ce qui le prouve sans réplique, c'est que les animaux qu'on trouve aujourd'hui dans ces neiges, devenues glaces, qui n'ont jamais dégelé depuis cette époque, sont encore sur leurs pieds debout et le nez élevé en l'air, afin d'étouffer le plus tard possible ; ils sont encore en chair et en os, et même en poil, comme le jour où ils sont morts ; on dit même qu'un naturaraliste en a mangé, dit M. Lyell. (Conférence de M. Babinet, de l'Institut, du 1er juillet 1866.)

En cette même année 1866, on recueillit à l'embouchure de l'Oby, exactement sous le cercle polaire, les restes peu détériorés d'un mammouth.

En 1806, M. Adams, de Saint-Pétersbourg, a recueilli un mammouth entier, sinon toutes les chairs, car les ours blancs et autres carnassiers en avaient mangé une partie ; une longue crinière couvrait le cou, un poil laineux adhérait à la peau ; les défenses, recourbées en spirales, avaient trois mètres de longueur. La tête, sans les défenses, pesait plus de deux cents kilos.

La Terre, privée tout à coup de la chaleur du Soleil, s'est couverte en quelques jours d'une épaisse couche de neige, sous laquelle, au Nord, ont péri sur place les mammouths ou mastodontes de l'Ancien-Monde, et au Midi les mégathériums plus gigantesques, qui faisaient trembler la terre sous leurs pas.

Cette neige a été convertie en glace massive par la pluie survenue ensuite.

Les savants, anciens et modernes, disent que la Terre peut être privée de la chaleur du Soleil, par le passage d'un nuage cosmique entre cet astre et la Terre, et que l'absence de la chaleur du Soleil, prolongée quelques jours seulement, a pu produire la catastrophe en question. On a nommé nuages cosmiques certains amas de matières célestes qui parcourent l'univers au hasard, sans cours réglé.

Mon opinion est que cette catastrophe glaciaire a eu lieu après le dernier grand déluge. Ce qui me fonde dans cette opinion, c'est que si les glaces soudées à la terre, qui recèlent des animaux, eussent été recouvertes par les eaux de la mer qui ont fait le déluge, elles auraient fondu, et on n'y retrouverait plus les animaux sur pied, il n'y aurait plus que leurs os ; en second lieu, les moraines, ou débris laissés par des glaciers de cette époque, auraient été entraînées et dispersées par les eaux, et recouvertes par les terrains du diluvium, et on ne les verrait pas à la surface.

Les animaux qu'on y trouve, principalement le mammouth, le cerf géant, le rhinocéros (mais tous recouverts d'une épaisse fourrure de poils), avaient donc échappé au grand déluge.

« Les habitants de la Sibérie font un commerce » fructueux d'ivoire fossile. Tous les ans, on voit » pendant l'été d'innombrables barques de pêcheurs » se diriger vers les îles à ossements de la Nouvelle- » Sibérie, et, pendant l'hiver, d'immenses caravanes » prendre la même route, dans des traîneaux attelés » de chiens. Tous ces convois reviennent chargés de » défenses de mammouths, pesant chacune de cent » cinquante à quatre cents livres. Cet ivoire fossile » du Nord s'importe en Chine et en Europe.

» Les îles à ossements du nord de la Russie sont » exploitées depuis cinq cents ans, et on ne voit » pas que le rendement en ait diminué. Quel nombre » de générations accumulées ne suppose pas une telle » profusion de défenses et d'ossements !

» Louis FIGUIER. »

Les éléphants fossiles qu'on retrouve ainsi en si grande quantité en Sibérie sont dans la terre glacée, ce qui indique que c'est le déluge qui les y a enfouis.

Cette fourrure du mammouth, du rhinocéros et du mégathérium du pôle américain démontre que la température des pôles , à cette époque , était déjà bien abaissée, mais cependant encore assez élevée pour produire une végétation suffisante à la nourriture de ces grands animaux.

Plusieurs auteurs ont pensé que ce changement brusque de la température des pôles a pu avoir lieu par un déplacement de l'axe de rotation de la Terre ; mais, comme il est prouvé que la Terre est aplatie sous les pôles et renflée sous l'équateur, et que l'aplatissement des pôles est attribué au refroidissement du globe, qui a eu lieu sous les pôles avant d'avoir lieu sous l'équateur, ou à son mouvement de rotation, il est donc démontré par là que l'axe terrestre est encore dans sa position primitive avec le Soleil.

C'est donc cette période de neiges et de glaces qui a fini de refroidir les deux pôles, que le Soleil n'a pu réchauffer depuis.

M. Bouffard ne parle pas de cette catastrophe dans sa cartographie ; cependant, en parlant des terrains du diluvium, il dit qu'à cette époque, la Terre se refroidit subitement et que la végétation des pays chauds disparut de l'Europe, ainsi que tous les grands animaux ; mais je présume beaucoup que les derniers des grands animaux auront été détruits par l'homme, car il en a bien détruit d'autres depuis.

Certains auteurs présument que cette période de glaces a eu lieu en même temps que le déluge, et que ce sont les eaux du déluge qui ont gelé ; mais les animaux debout sur leurs jambes prouvent le contraire, car leur position démontre qu'ils sont morts dans la neige qu'ils avaient foulée sous eux, et non dans l'eau.

Quelques mots à présent sur l'effondrement du grand continent que les anciens appelaient Atlantide.

M. Bouffard dit, en parlant du cataclysme qui a produit le déluge, que c'est peut-être l'époque de l'effondrement du continent dont l'Océanie ne présente plus que les ruines, et l'anéantissement de la grande terre Atlantide dont les prêtres égyptiens avaient gardé le souvenir, que nous a transmis le grand philosophe grec Platon.

Le vieux prêtre égyptien qui a raconté cette histoire à **Solon** lui disait : « Vous êtes jeunes par vos
» âmes, vous ne parlez que d'un déluge, tandis qu'il
» y en a eu bien d'autres auparavant. Je vais te par-
» ler, Solon, de tes concitoyens de neuf mille ans :
» nos livres disent que votre République mit fin aux
» dévastations d'une puissance formidable qui s'avan-
» çait pour envahir toute l'Europe et toute l'Asie,
» sortant d'une contrée lointaine, du milieu de la
» mer Atlantide.

» Dans cette Atlantide s'était formée une grande
» et étonnante puissance de rois dominant sur l'île
» entière ; vous les avez vaincus.

» Mais plus tard, en un seul jour et une seule
» nuit de désastres chez vous, la terre engloutit tous
» les hommes en état de porter les armes qui se trou-
» vaient réunis, et l'île Atlantide s'enfonça dans les
» eaux et disparut. »

Tel est l'abrégé du récit rapporté par Platon, que

fit l'ancien prêtre égyptien il y a plus de trois mille
ans. Si ce récit est véridique, la disparition de ce
grand pays ne se rapporterait pas au déluge, puisqu'elle aurait eu lieu en un seul jour et une seule
nuit.

Les géologues ni les géographes ne sont d'accord
sur l'endroit où était ce grand pays englouti ; les uns
présument que l'Océanie en est les restes, d'autres
l'archipel grec.

Quand on découvrit les îles de l'Océanie, on les
trouva à peu près toutes peuplées de nègres sauvages
et anthropophages ; ces habitants étaient les restes
d'une race d'hommes qui peuplaient un ancien continent disparu, et la famine leur avait fait contracter
l'habitude de se manger les uns les autres.

XXVI

Alluvions modernes

Les alluvions modernes, ou couche superficielle
de la Terre, ont pour origine les érosions actuelles, ou
qui ont eu lieu depuis le grand déluge, comme les
désagrégations de toutes sortes de roches, comme,
par exemple, où la mer bat les falaises, les éboulis
des montagnes causés par la pluie, la gelée, les cours
d'eaux, comme les torrents, les rivières, les fleuves,

qui charrient et déposent des sédiments de sable, de vase, des détritus végétaux et animaux dans les vallées qu'ils parcourent et même dans la mer, et donnent quelquefois naissance à de nouvelles îles ou à des deltas, comme ceux du Rhône et du Nil ; ces alluvions sont parfois les effets de quelques déluges partiels.

Des observations faites en Egypte, dans la vallée du Nil de nos jours, ont amené à reconnaître que les premiers dépôts apportés par les inondations régulières et annuelles du fleuve ne remontent pas à plus de six mille trois cents ans, ce qui reporte à cette date l'établissement du fleuve et indiquerait l'époque du déluge ; mais il est probable qu'un affaissement de cette contrée, postérieur au déluge, a donné lieu à la formation du fleuve, car le déluge doit être beaucoup plus ancien que cette date.

Ailleurs, les mers amassent des couches de galets, de sable que le vent pousse quelquefois dans les terres, et que l'on nomme dunes.

Les volcans, par les débris qu'ils vomissent, forment aussi des couches nouvelles.

L'homme, dans ses travaux de terrassements en remblais, forme aussi de nouvelles parties de couches.

L'humus, ou terre végétale, est la couche de terrain qui se forme à la surface du sol, par les détritus de tous les végétaux et des animaux qui meurent.

Les plantes des lieux marécageux, en se décomposant, forment d'épaisses couches de tourbe ; on en trouve même sur les lieux élevés, qui proviennent des détritus des mousses et des lichens.

Les tourbières marécageuses renferment souvent des corps étrangers, comme des arbres, même des forêts entières, des débris d'animaux et d'ossements humains, des ouvrages d'industrie humaine, des outils, des armes, des canots, qui remontent évidemment à une très-haute antiquité.

Il y a eu entre tous les déluges des couches d'alluvions semblables à celles que nous voyons se former aujourd'hui ; mais lorsqu'ils sont arrivés, ils les ont emportées dans leurs courants avec une partie des terrains qui leur servaient de base, et du tout ont composé une nouvelle couche à chaque catastrophe, sauf quelques endroits où l'on a retouvé cette terre végétale portant encore ses végétaux enracinés.

Si tous les détritus, ou débris de la vie organique animale et végétale que la Terre nourrit, avaient formé sur la surface de notre globe seulement une couche d'un millimètre d'épaisseur tous les cent ans, depuis la première création, qui remonte à environ trois millions de siècles, cette couche serait aujourd'hui d'une épaisseur de trois mille mètres, si elle n'eût pas été dérangée par les déluges.

Mais ces détritus sont, pour la plupart, dissous et charriés par les eaux ou enlevés et dispersés dans l'air et mangés par la végétation vivante, qui les transforme en sa propre substance, herbe, bois, feuilles, fleurs et graines, etc., en les prenant, soit à l'état liquide, dans la terre, par ses racines, ou à l'état de gaz, dans l'air, par ses feuilles ; puis les animaux mangent les végétaux, et, de cette manière, les trans-

forment en sang, chair, os, plumes, poils, cheveux, etc., en s'en nourrissant.

C'est par cette raison que la couche de terre végétale, qui est bien loin d'être composée exclusivement
de débris de la vie organique, est si mince, tellement
mince, qu'elle a rarement, dans les endroits les plus
fertiles, un mètre d'épaisseur, et que, dans la plus
grande partie des terrains, elle n'a pas seulement
vingt centimètres, et en beaucoup d'endroits il n'y
en a pas du tout ; ces derniers sont les contrées sté-
riles, où il n'y a que fort peu de végétation.

C'est le feu qui est le plus prompt transformateur
des matières végétales et animales ; par lui, en un
clin d'œil, elles sont réduites en fumée, en gaz invisibles, et en un faible résidu que nous appelons
cendre.

La flamme et la fumée sont les molécules du com-
bustible qui retournent dans l'air se disséminer en
atomes invisibles, pour le fertiliser, d'où le travail
de la végétation les avait déjà tirées, et où il les pren-
dra encore.

Mais, quoique beaucoup plus lent, c'est l'air qui
est le plus grand transformateur des corps de la vie
organique, parce qu'il agit partout et toujours en
même temps. C'est lui qui en décompose le plus ;
sans l'air rien ne se décompose, et c'est aussi l'air
qui apporte le plus de matériaux organiques aux
êtres organisés.

On a fait des expériences à ce sujet ; on a rempli
des caisses de terre qui avait été pesée sèche ; on a

planté des arbres dedans ; quand ces arbres furent devenus gros, on les retira, puis on pesa de nouveau la terre séchée qui avait nourri ces arbres, et le poids n'en avait que fort peu diminué, ce qui prouve que les végétaux ne vivent et ne se composent, pour ainsi dire, que des matières que l'air et l'eau leur apportent.

Ainsi, l'air et l'eau contiennent en eux-mêmes tous les matériaux nécessaires à la construction des feuilles, des fleurs, de l'écorce, du bois, du fruit, des graines, etc., et puisque les végétaux nourrissent les animaux, l'air contient ainsi les matériaux nécessaires à la construction des êtres du règne animal, dont il devient le grand transformateur.

L'air est composé, suivant les chimistes, d'oxygène, d'azote, d'eau, etc., mais ces messieurs n'y ont pas reconnu tous les matériaux impalpables dont je viens de parler, et qui, par leur assemblage, composent tous les êtres du règne organique ; les atomes ont échappé à leur analyse. L'air est tellement subtil et si intime, qu'il nourrit toutes espèces de plantes mélangées ensemble, pouvant croître sous le même climat, leur fournissant à chacune la nourriture qu'il lui faut, leur communiquant toutes les odeurs, les parfums, les vertus vénéneuses ou nourrissantes qui leur sont propres ; la fraise la plus exquise croît enchevêtrée dans la perfide ciguë sans en contracter le moindre vice.

Mais l'air est puissamment aidé par les animaux

dans le travail de la transformation; car les animaux herbivores mangent l'herbe, et, par cette action, en transforment une partie en fumier, qui devient bientôt terreau, et l'autre en leurs diverses parties organiques : chair, sang, lait, os, poils, cornes, etc. Les granivores en font autant des graines, les insectivores autant des insectes. Puis viennent les animaux carnassiers, qui mangent les herbivores, les granivores et les insectivores, et les transforment aussi pareillement.

Peu d'animaux mangent les carnassiers; quand ils meurent, ce sont les insectes et l'air qui se chargent de les décomposer et de les transformer en pâture pour la végétation vivante; et ainsi roule en cercle perpétuel le règne organique depuis son commencement, en n'augmentant que fort peu de ses débris la couche de terre végétale.

Mais, dans les temps primitifs, lors des grands cataclysmes qui engloutissaient les immenses végétations que la Terre portait, et qui furent recouvertes par d'épaisses couches de terre, et, ainsi soustraites à l'action de l'air elles ne purent être anéanties; ces couches de végétation primitive, privées d'air, ont été tellement chauffées par le foyer central du globe, qu'elles ont été transformées en charbon de terre, et ont formé d'épaisses couches qui ont augmenté l'épaisseur de la croûte terrestre, dans ces temps reculés, chaque fois que ces phénomènes se sont renouvelés.

La Terre, dit avec raison M. Bouffard, contient

5.

d'immenses cavités souterraines entre les couches sédimentaires de sa pellicule solide ; l'eau s'y trouve en amas considérables, et quelquefois elle s'écoule rapidement dans des rivières souterraines, qui finissent par apparaître à la surface du sol, après un cours plus ou moins long, comme on le voit aux sources du Loiret et de l'Orbe, et aux fontaines de Nîmes et de Vaucluse.

Il est des contrées où l'on connaît jusqu'à sept nappes d'eaux souterraines superposées les unes au-dessus des autres.

Ces masses d'eaux souterraines sont le résultat des infiltrations des eaux pluviales, qui descendent dans ces cavités profondes et forment des réservoirs naturels à température variée, selon la profondeur qu'elles occupent dans la Terre.

Ces eaux reviennent à la surface de la Terre par la loi de la pesanteur, sous forme de sources naturelles ou artificielles, intermittentes ou perpétuelles, chaudes ou froides, selon qu'elles arrivent d'une plus ou moins grande profondeur ; minérales, si les eaux des sources contiennent des minéraux en dissolution.

Un œuf ayant cinq centimètres de diamètre et dont la coquille a un demi-millimètre d'épaisseur, a une pellicule plus épaisse que celle de la Terre, proportionnellement à sa grosseur, car le demi-millimètre représente la centième partie du diamètre de l'œuf et la centième partie du diamètre de la Terre est de cent vingt-sept kilomètres, tandis qu'on n'évalue sa croûte qu'à une épaisseur de cinquante à soixante kilomètres, vu l'augmentation de sa chaleur selon qu'on descend à de plus grandes profondeurs.

La croûte de la Terre est donc bien faible en comparaison de sa grosseur, mais la masse des eaux est bien peu de chose sur cette croûte; car, suivant les sondages qui ont été faits entre l'Irlande et l'Amérique, les plus grandes profondeurs de la mer ne donnent que 4,500 mètres, ce n'est que la 2,828ᵉ partie du diamètre de la Terre, et environ la 12ᵉ partie de l'épaisseur de son écorce. Mais combien sont encore moindre les végétaux, les animaux et les hommes qui vivent sur cette frêle pellicule !

D'après tout ce que l'on vient de voir de l'histoire de la Terre, on doit reconnaître qu'il est très-possible qu'il arrive encore des déluges semblables à ceux qui sont passés ; il ne faudrait pour cela qu'une grande infiltration d'eau sous les couches cristallisées, qui s'ouvrirait une issue sous une grande partie de la Terre, et alors cette eau étant transformée en vapeur par le grand foyer central qui existe encore, soulèverait avec un fracas horrible, qui s'entendrait d'un bout du globe à l'autre, le fond des mers, et ferait refluer leurs eaux sur la Terre, qu'elles inonderaient, détruiraient une grande partie de la création, et presque tous les pays existants pourraient s'affaisser et rester engloutis sous la mer, comme l'ancien continent océanien y est aujourd'hui ; tandis que d'autres contrées seraient mises à découvert par les mêmes eaux qui les abandonneraient. Mais il est à peu près impossible que la destruction totale du genre humain puisse avoir lieu par une inondation, parce qu'il y a des hommes sur tous les points de la Terre et que les eaux ne pourraient pas tous les couvrir en même temps.

XXVII

Résumé de l'histoire de la Terre

Le Soleil et tout notre système planétaire dont il est le centre, et dont la Terre n'est qu'une bien   ible partie, fut donc primitivement une vapeur, un nuage d'une étendue incommensurable, qui, en se concentrant, donna pour noyau le Soleil, dont les planètes se détachèrent et se refroidirent à leur surface, et dont la matière que nous appelons terre, que nous foulons aux pieds et qui nous nourrit avec ses végétaux et ses animaux, n'est qu'une crasse, un résidu désagrégé par l'action des eaux sur le globe, et dont les animaux et nous qui vivons dessus ne sommes, en comparaison de tout cela, que des atomes sortis de l'immensité comme tout le reste, par la puissante volonté de Dieu.

FIN DE L'HISTOIRE DE LA TERRE

DEUXIÈME PARTIE

EXPLICATION DE LA CRÉATION

XXVIII

Formation de la vie organique ou création

La création est le point le plus délicat de l'histoire ; aussi, personne que je sache, jusqu'à ce jour, n'a-t-il osé l'aborder ; moi, simple homme des champs, je me hasarde à en dire naïvement ce que j'en pense.

Après avoir dit sur l'histoire de la Terre tout ce que j'ai appris par mes lectures, et tout ce que mes observations et mes réflexions m'ont fourni, je vais aussi donner mes opinions sur les moyens que Dieu a pu employer pour créer les végétaux, les animaux de toutes espèces, ainsi que l'homme.

En réfléchissant sur nous-mêmes, nous sommes tout naturellement portés à penser à notre commencement, à notre origine, c'est-à-dire à l'origine de l'homme sur la Terre ; car nous sommes tous d'accord que celui-ci n'a pas toujours existé. La réflexion nous donne même à penser que la Terre elle-même n'a peut-être pas toujours existé ; l'étude de la géologie nous le prouve; donc, puisqu'il est prouvé que la Terre n'a pas toujours été telle qu'elle est, il est certain que ni l'homme ni les animaux qu'elle nourrit n'ont pas toujours existé non plus.

Il devient donc très-intéressant de pouvoir connaître quand et comment cette création a eu lieu, c'est-à-dire s'en faire une opinion vraisemblable, basée sur des faits naturellement logiques. C'est ce que mes lectures, mes observations et mes réflexions m'ont procuré, ainsi que je vais l'expliquer ci-après.

Les connaissances des diverses températures que la Terre a possédées depuis son état d'incandescence jusqu'à nos jours, m'ont amené à faire des réflexions sur la formation de la vie organique.

L'écrit de M. Bouffard, qui parle de la formation du Soleil, de la Terre et des autres planètes, reste muet à l'égard du mode de la formation de la vie organique.

Pour apprendre, il faut bien regarder, bien examiner, bien observer et bien réfléchir.

M. Bouffard, dans sa *Cartographie*, page 14, pose cette question : La graine a-t-elle précédé le végétal et la poule l'œuf? Il se répond à lui-même que c'est une question oiseuse et insoluble ; mais ce qui est certain, ajoute-t-il, c'est que les règnes de la vie organique n'ont eu ni père ni mère.

Je trouve qu'il a raison jusqu'à un certain point sur la paternité ; mais je serai plus hardi que lui, car je vais résoudre la question, sauf à me tromper.

M. Bouffard dit, page 6, qu'avant la formation

de notre globe, la matière vaporisée de notre monde actuel était partout : étoiles, Soleil, Terre, roches, végétaux, animaux et l'homme, tout était à l'état gazeux ; je suis parfaitement de son avis, et je dis que tous ces germes divins de la vie organique, invisibles, ne sont descendus sur la Terre que lorsqu'elle a été assez refroidie pour ne pas les brûler ; cela est incontestable , car s'ils y étaient descendus trop tôt, ils n'auraient rien produit, et s'ils y étaient descendus trop tard, le froid les aurait empêchés de se développer. Ils y sont donc certainement arrivés à l'époque où la Terre possédait encore par elle-même le degré de chaleur nécessaire à leur développement, principalement pour les animaux, qui sont beaucoup plus délicats que les plantes.

XXIX

Formation des végétaux

Je donnerai premièrement mon opinion sur la formation des végétaux, car je pense que les végétaux furent les premiers formés, par la raison bien simple que les végétaux ont bien pu vivre sans les animaux, mais que même les premiers animaux n'auraient peut-être pas pu vivre sans végétaux.

J'espère que mes lecteurs seront de mon avis lorsque je leur dirai, avec une grande conviction,

qu'il n'est pas admissible que les noix, les **châtaignes**
et les citrouilles, etc., soient tombées du ciel toutes
faites, telles que nous les possédons, pour faire naître
les plantes qui les produisent ; je crois qu'il est bien
plus admissible de supposer que Dieu se soit servi
d'un autre moyen, que voici :

Rien ne naît sans humidité. On voit de nos jours
croître sur les corps organiques en décomposition
des moisissures, je viens d'en mesurer qui ont quatre
centimètres de longueur.

Sur les ardoises qui couvrent nos maisons, même,
on voit croître de la mousse que la pluie fait naître,
et cependant nous ne voyons aucune graine pour
produire ces végétations ; c'est donc l'air qui les contient et les y dépose ; et il est possible que l'air con-
tienne peut-être encore les atomes qui dans l'avenir
donneront naissance aux êtres du règne organique.

Les végétaux et les animaux sont maintenant les
appareils nécessaires et indispensables à leur développement.

Que pensez-vous de la barbe de l'homme, qui at-
tend pendant vingt ans pour croître à la surface de
son menton?

Alors, il est bien admissible que, dans les temps
reculés où la Terre était encore toute chaude et continuellement arrosée d'eau chaude, elle pût produire,
aussi sans germes apparents, quoiqu'ils y fussent en
réalité, mais invisibles comme ceux des moisissures
et des animalcules, de petites tiges plus fortes que
celles des moisissures d'aujourd'hui ; ces petites tiges

portaient un petit cœur à leur pointe, qui s'ouvrit en feuilles (1) ; ainsi fut formé le végétal.

Il grandit ensuite rapidement sous son heureux climat, puis il produisit des graines pour se renouveler.

Les différentes espèces de végétaux se produisirent ainsi par contrées, suivant les germes que la Terre avait reçus. Chaque germe, chaque endroit produisit son espèce, suivant la composition des germes et du terrain, et il nous en reste encore d'assez bons exemples sous nos yeux ; et Buffon l'a dit :

Chaque pays produit ses plantes particulières.

Voilà mon opinion et ma réponse, sur la formation des plantes ; et j'en conclus que le végétal a précédé la graine.

Cette création ayant eu lieu pour les premiers végétaux, lorsque la Terre possédait encore environ cinquante-cinq degrés de chaleur, remonterait à deux millions deux cent cinquante mille siècles d'âge, sur le terrain cambrien, et sous les pôles.

---

(1) Quand on coupe un peuplier par le pied, la séve qui sort entre le bois et l'écorce de la souche forme de petits bourrelets qui s'ouvrent en feuilles et produisent de très-belles tiges.

XXX

Création des mollusques, des poissons, des amphibies, etc.

Après les végétaux, les premiers animaux qui furent créés furent des mollusques et des animaux articulés, puis des poissons ; cette création d'animaux aquatiques et ovipares est très-facile à reconnaître, car, encore aujourd'hui, lorsque les poissons ont pondu leurs œufs dans l'eau, ils ne s'en occupent plus ; ils laissent à l'élément le soin de les faire vivre et croître.

Donc, les premiers germes, répandus dans les eaux par le Créateur, se développèrent facilement, comme les œufs des poissons le font aujourd'hui ; car ce sont des animaux auxquels le secours des père et mère est tout à fait inutile.

On trouve dans les couches anciennes des débris de poissons, de coquilles, d'énormes amphibies, serpents et reptiles, des débris de grenouilles grosses comme des bœufs, puis des traces d'oiseaux, enfin tous les animaux ovipares avant les mammifères.

Tous ces énormes amphibies, serpents et reptiles, se sont développés à la faveur d'une grande humidité ou dans les eaux plus ou moins profondes, comme les poissons et comme les œufs des grenouilles de notre temps, qui deviennent d'abord tétards.

Un auteur dit qu'avant la création des animaux

terrestres, un silence de mort devait régner sur la
Terre ; quant à moi, je pense qu'avec l'état de
chaleur et d'humidité de l'atmosphère à cette époque,
le tonnerre devait y produire presque continuellement un bruit infernal.

XXXI

Création des oiseaux

Puisqu'on a trouvé des traces d'oiseaux dans la
même couche de grès bigarré où l'on a aussi trouvé
les empreintes de pattes de ces énormes batraciens de
la taille du bœuf et de leurs restes dans le terrain
jurassique, j'en conclus avec certitude qu'ils vivaient
à cette époque. Je vais donc donner mon opinion
sur la manière dont ils furent créés.

C'est le problème tant de fois proposé et jamais
résolu, de savoir lequel des deux, de la poule ou de
l'œuf, a précédé l'autre.

Je dirai donc pour leur création, que leurs fœtus,
que je ne nommerai pas des œufs, ne purent aussi se
développer que dans une grande humidité ; on peut
donc supposer qu'ils se formèrent, soit dans de très-
basses eaux, ou seulement sur la terre molle, ou
dans les herbes, ou, ce qui est plus vraisemblable,
sur les grands lichens ou manne alimentaire dont je
parlerai plus loin, par germes imperceptibles,
qui devinrent de petites poches comme des œufs de

fourmis ; et, d'ailleurs, que se passe-t-il encore aujourd'hui pour la reproduction des oiseaux ? Ouvrez une poule, qui est déjà un gros oiseau ; regardez la formation des œufs, et vous verrez que les plus petits n'ont pas la grosseur des grains de millet, et que ceux des petits oiseaux sont microscopiques ; on voit donc que le mode de la création actuelle se rapproche encore beaucoup de celui que j'indique comme primitif ; car je n'admets pas que la coquille se soit formée sur cette pellicule qu'on trouve encore aujourd'hui sous la coque, et que je considère comme la preuve de l'origine de l'œuf ; car, encore à présent, la coquille ne se forme sur l'œuf de l'oiseau que peu de temps avant la ponte, quand l'œuf a atteint toute sa croissance ; donc, comme les premiers embryons d'oiseaux ne furent pas pondus, il est probable qu'ils n'eurent pas de coquille.

La coque de l'œuf est une des preuves de la sagesse et de la prévoyance infinie du Créateur ; les œufs des serpents et des lézards n'ont pas de coque parce qu'ils n'en ont pas besoin ; les œufs des oiseaux en ont besoin pour être protégés, parce que, s'ils n'en avaient pas, les oiseaux pourraient les percer avec leurs ongles en les couvant.

La coquille ne dut se former que dans le corps des oiseaux ; donc ce n'étaient pas de vrais œufs, c'étaient de petites poches ou chrysalides renfermant de petits oiseaux au lieu de reptiles ou de poissons ; ces petites poches grossirent comme les œufs de la fourmi grossissent de nos jours ; les unes plus, les autres

moins, selon l'espèce d'oiseaux qu'elles devaient produire ; les oiseaux se formèrent dedans, comme ils se
forment aujourd'hui dans les œufs, et, lorsqu'ils furent assez forts, ils brisèrent leur enveloppe, et mangèrent ce que Dieu avait mis à leur portée ; et il dut
en être ainsi pour la création de tous les animaux
ovipares. Chaque pays, chaque contrée produisit
ainsi ses espèces d'oiseaux, comme ses plantes et ses
autres animaux, et à des époques peut-être assez éloi-
gnées les unes des autres.

La fourmi, ainsi que d'autres insectes, se repro-
duit encore aujourd'hui de cette manière ; elle pond
des œufs imperceptibles, qui grossissent jusqu'à ce
que la fourmi soit assez grosse dedans pour éclore.

Eh bien ! d'après ce que je viens d'expliquer, j'en
conclus que la poule a précédé l'œuf ; car, comme je
viens de le dire, la poche dont je viens de parler n'é-
tant pas recouverte d'une coque, n'était pas un œuf
pareil à ceux de notre époque; ce n'était qu'un sac,
une espèce de chrysalide et non un œuf.

Il faut être logique en toutes choses et reconnaître
que l'œuf n'a pas pu davantage précéder l'oiseau que
la noix n'a précédé le noyer. Toutes les plantes et les
êtres de la vie organique étant issus du néant, naqui-
rent à peu près de la même manière, ainsi que nous
allons le démontrer également pour les mammifères.

Je considère la construction des oiseaux en progrès sur celle des autres animaux, par la faculté qui
leur a été donnée de s'élever dans les airs et de parcourir par ce moyen des espaces que les mammifères

ne peuvent franchir : tels sont les mers et les grands fleuves.

Par le moyen de leur vol, beaucoup d'espèces d'oiseaux évitent les saisons rigoureuses en changeant de climat, et vivent ainsi dans un printemps perpétuel, bonheur dont même l'homme ne peut pas jouir.

Les poissons, premières créatures, ne peuvent voyager que dans les eaux.

Les amphibies vivent dans l'eau et sur la Terre.

Les mammifères terrestres peuvent aussi nager.

Les oiseaux (palmipèdes), vivent aussi bien sur l'eau, sur la terre et dans les airs; il y a progrès de construction à chaque degré.

XXXII

Création des mammifères et de l'homme

Après avoir fait connaître mon opinion sur le mode de création des oiseaux, je vais parler de la création des mammifères, parmi lesquels se trouve l'homme.

Mes observations et mes réflexions m'ont convaincu que l'homme et les animaux mammifères ont été créés avant que le Soleil ait établi les saisons sur la Terre, à l'époque où cette dernière possédait encore par elle-même cinquante degrés de chaleur environ, puisque le Soleil donne encore aujourd'hui cette température sous les zones équatoriales, car il n'est pas admissible que des fœtus de mammifères en voie de formation auraient pu se développer et vivre dans une température variant du chaud au froid ; il a nécessairement fallu, pour les faire développer, comme il le faut encore aujourdhui, une température constante et uniformément chaude ; cela ne peut être contesté par personne.

Sous les climats de l'équateur, où la chaleur est grande, même la nuit, les œufs des autruches et ceux des tortues et des crocodiles éclosent encore sans être couvés, comme dans les temps de la création primitive ; mais sous nos climats, aucun œuf d'oiseau ne peut éclore s'il n'est bien couvé ou tenu chaud pendant le temps nécessaire à son éclosion ; un seul refroidissement tue l'oiseau en formation ; qu'en serait-il donc d'un fœtus de mammifère s'il était refroidi ou seulement exposé à l'air ?

Cela posé, je dis donc : en réfléchissant bien, en observant bien ce qui se passe encore aujourd'hui pour la création ou reproduction des espèces, ne voyons-nous pas que tous les animaux mammifères, grands et petits, y compris l'homme, se forment et grossissent dans une poche pleine d'eau chaude, renfermée dans le sein de leur mère, qui a été chargée par Dieu de la tenir constamment chaude, sous peine de la mort du fœtus ?

D'après ces observations, que personne ne peut nier, mes réflexions m'ont amené à conclure que la création de l'homme et des animaux mammifères a eu lieu à peu près comme aujourd'hui, c'est-à-dire dans de l'eau chaude, à l'époque où les eaux de la

Terre possédaient encore environ cinquante degrés de chaleur ; on peut bien admettre que nous nous soyons refroidis de quelques degrés depuis deux millions de siècles, car aujourd'hui notre corps a encore quarante degrés de chaleur.

Mon opinion est donc, dis-je, que des germes divins, imperceptibles, semés par l'Éternel, et doués d'un principe de vie, aussi fins et aussi invisibles que les atomes qui composent la masse de l'air, se développèrent dans des eaux très-basses, devinrent de petites poches renfermant des fœtus, ici d'une espèce d'animaux, ici d'une autre, ailleurs des hommes, selon que Dieu en avait disposé ; ces petites poches et les fœtus qu'elles renfermaient grossirent dans l'eau chaude jusqu'au temps marqué où ces derniers devaient en sortir.

La raie se forme encore dans une poche qui grossit et éclôt dans l'eau de la mer. La poche contenant la raie et celle contenant la fourmi, et qui grossissent toutes les deux après être sorties du sein de leur mère, jusqu'au jour de la naissance du petit, semblent être un reste de la création primitive, que Dieu aurait laissé exprès pour nous faire voir comment la création première eut lieu. Ainsi se termine encore à peu près aujourd'hui la naissance des mammifères marsupiaux ou didelphes.

Au temps marqué pour la naissance des petits, il a fallu, ou que ces basses eaux s'imbibassent dans la terre, ou qu'une cause les approchât des bords ; peut-être même, n'est-ce que le manque d'eau qui ame-

na leur naissance, et alors ils brisèrent leur enveloppe et se trouvèrent sur la terre ou dans l'herbe,
peut-être couverte ou enduite de cette matière grasse
et onctueuse que l'on a nommée manne, ou de certaines productions végétales, gélatineuses, gommeuses et molles et presque aussi tendres qu'une
bouillie, ressemblant à des espèces de lichens, car
on sait bien que Dieu a toujours mis la nourriture à
la portée de sa créature; et il ne peut d'ailleurs pas
en avoir été autrement.

Les personnes de la campagne ont pu remarquer
comme moi que, dans les temps humides, il croît encore de nos jours, le long des chemins, des productions ressemblant à peu près à celles que je viens de
décrire ; elles sont molles et très-tendres, d'un vert
noirâtre, gélatineuses, gommeuses, ayant la forme
de lichens : c'est le nostoc.

Dans les temps de la création, il pouvait y avoir
des productions analogues beaucoup plus dévelop-
pées et comestibles, qui nourrirent les premiers animaux mammifères et l'homme, et peut-être les oiseaux. Les enfants nouvellement nés, et qui n'étaient
sans doute pas si faibles que ceux de notre époque,
purent se traîner sur la terre et téter ou cette manne
ou ces lichens en bouillie. Cette première nourriture
et l'heureux climat sous lequel ils vivaient les forti-
fièrent promptement, et bientôt ils purent marcher et
trouver quelque autre nourriture, dès qu'ils en eurent
besoin.

On trouve encore des terres comestibles en Chine,

6

en Amérique, au Pérou, à la Guyane, à Java et ailleurs, et on en mange même de nos jours, dit-on ; il est donc possible que les premiers mammifères purent aussi se nourrir de cette terre onctueuse, qui fut peut-être la manne dont les anciens ont parlé.

La création de l'homme a, sans aucun doute, eu lieu en plusieurs endroits et en grande quantité, et dans des contrées où il n'y avait guère d'animaux carnassiers ; car, sans toutes ces circonstances, l'homme en naissant est une créature si frêle, que l'espèce s'en fût perdue. Ne voyons-nous pas encore aujourd'hui que, pour produire quelques carpillons, la carpe répand des milliers d'œufs, dont les quatre-vingt-dix-neuf centièmes au moins sont perdus? Mais, après avoir réfléchi, et observé ce qui se passe de nos jours pour les créatures faibles, on n'est plus si étonné de penser que l'homme enfant ait pu se sauver parmi les carnassiers, car ne voyons-nous pas aujourd'hui le jeune lièvre naître et s'élever parmi les renards et autres animaux carnassiers, le jeune chevreuil parmi les loups, le petit poisson parmi les brochets? Il y en a toujours beaucoup de dévorés, mais il en reste aussi.

Plusieurs auteurs ont écrit des volumes entiers pour démontrer l'unité de l'espèce humaine ; s'ils entendent, par unité, la création primitive par un seul couple, je crois qu'ils sont dans l'erreur ; mais si par ce mot d'unité ils entendent dire que l'humanité ne se compose que d'une seule espèce, quoique ayant été primitivement créée en grande quantité, j'admets qu'il y a possibilité ; car je suis d'opinion qu'il n'est pas admissible que la création primitive n'ait eu lieu que pour un homme et une femme ; s'il en eût été ainsi pour l'homme, il en aurait été de même pour les animaux de toutes les espèces, y compris les poissons, les oiseaux, les insectes, les animalcules et toutes les espèces de plantes, car, par analogie, les œuvres de Dieu ont toujours eu de la ressemblance.

L'étude de la géologie nous prouve qu'il n'en a pas été ainsi : dans les premières couches de terrain où l'on trouve des fossiles de végétaux, on trouve nos énormes couches de houille, composées principalement de fougères, de roseaux et de prêles. Si la première naissance de ces plantes n'eût commencé que par un seul pied de fougère, un seul roseau, une seule prêle, etc., comment trouverait-on de tels amas de débris de ces plantes dans toutes les contrées ? Qu'on ne discute donc plus de pareilles thèses : l'observation nous démontre que c'est inutile.

Comment supposer que le grand Créateur suprême n'ait créé qu'un seul couple de chaque espèce d'êtres ? comment supposer une telle parcimonie, quand nous voyons qu'il agit, encore aujourd'hui, avec tant de prodigalité pour la plupart des choses ? par exemple : pour les végétaux qui couvrent la terre de leurs semences, sans augmenter leur nombre, et pour les poissons qui pondent chacun des milliers d'œufs sans étendre démesurément leur population, ainsi que les insectes, etc.

Si Dieu n'eût créé qu'un seul couple de chaque espèce, la Terre serait restée déserte, car ils se seraient assurément perdus, et encore aujourd'hui si tous les animaux et les plantes ne reproduisaient qu'un jeune, un œuf, une graine, l'espèce en serait bientôt disparue. Non, il ne peut pas en avoir été ainsi ; l'observation nous le démontre.

Les germes de la vie organique, végétale ou animale, qui avaient été envoyés à la suite de notre planète et qui attendaient que la température fût favorable à leur développement, arrivèrent à sa surface par groupes, par contrées, comme la pluie et la grêle que nous apportent les nuages ; et chaque espèce y arriva à son tour en innombrables germes, quand la température de la Terre leur fut favorable.

Mais cela n'empêche pas que tous les hommes ne puissent former qu'une seule et même espèce : car toute la grêle qui tombe d'un nuage est bien de la même espèce, quoique divisée en une grande quantité de morceaux, car elle vient bien de la même source et est de la même essence ; il peut bien en être de même pour l'espèce humaine.

Ce qui prouve surtout que la création de l'homme a eu lieu en plusieurs endroits, c'est qu'aujourd'hui on distingue encore cinq ou six principales races d'hommes et d'autres restes de races, comme les Esquimaux, les Lapons, les Albinos, races qui n'ont pas tout à fait les mêmes formes d'ossements ; il est certain qu'il s'est éteint bien des races par les déluges et les animaux.

Cette création spontanée a pu avoir lieu pendant la durée de plusieurs degrés de refroidissement; mais quand elle n'aurait eu lieu que pendant le refroidissement d'un seul degré, elle aurait encore duré cinquante mille siècles environ, suivant qu'il résulte des calculs fondés sur le temps que la Terre a mis à se refroidir.

Il est un fait certain, c'est que toute la création primitive a eu lieu sous plusieurs latitudes, et pendant des températures assez différentes; ce qui le prouve, c'est qu'on ne trouve pas des débris de chaque classe dans les mêmes couches de la Terre; donc, les animaux marins, ayant pu supporter une température plus élevée, furent créés les premiers, les amphibies ensuite, puis les serpents, les oiseaux, les mammifères, et, en dernier lieu peut-être, les insectes.

Pour les animaux, Dieu a voulu que deux êtres concourussent à la reproduction de l'espèce; il a donc créé, avec sa prévoyance divine, deux genres d'êtres dans chaque espèce: le mâle, la femelle; le père, la mère, pour établir forcément une solidarité, une société entre les parents pour la protection de leurs jeunes. Admirez donc encore une fois ici la bonté du Père Éternel, qui se montre dans cette loi naturelle pour la protection des petits; car il lui eût été aussi facile de créer des animaux d'un même genre, qui se fussent reproduits involontairement comme les plan · tes, que des animaux de deux sexes qui ne se reproduisent que volontairement, mais instinctivement.

Voilà mon opinion sur la création, et en particulier sur celle de l'homme, dont le père est Dieu et la mère la Terre, création qui remonterait à deux millions de siècles environ (1).

On a trouvé des débris de mammifères depuis le terrain jurassique, puis dans le terrain de l'époque du calcaire grossier et après ; mais que l'homme ait été créé sur le terrain crétacé ou sur le terrain subapennin, cela ne change rien à son âge, car je maintiens qu'il a fallu, pour le créer, la température de cinquante degrés de chaleur environ. Le lieu de sa création, ainsi que celle de la majorité des mammifères, ne peut que changer l'âge des couches de terrain ; s'il a été créé sur le terrain subapennin, comme les géologues semblent le croire, ce terrain a deux millions de siècles environ, toujours en se basant sur les 98 millions de siècles de l'âge de la Terre.

Jusqu'à ce que de plus savants que moi donnent, sur la création, des descriptions et des démonstrations plus vraisemblables que les miennes, je resterai de cet avis.

Le printemps ramène, tous les ans, une nouvelle et très-grande activité de la vie organique sur la Terre; c'est pour ainsi dire une nouvelle création, une véritable résurrection. A son retour, une multitude de plantes qui sommeillaient sous terre, comme tous les bulbes des liliacées et de tant d'autres racines, sortent

---

(1) C'est environ la cinquantième partie de l'âge de la Terre.

du sol en jets pleins de sève ; toutes les semences germent, éclosent et s'ouvrent en feuilles, s'élançant au dehors ; les feuilles et les fleurs sortent de tous les rameaux des arbres et des arbrisseaux ; la plupart des insectes, les escargots, les serpents, reprennent la vie, qui semblait les avoir abandonnés pendant la saison rigoureuse ; les petits oiseaux sortent des œufs que leurs mères ont pondus et couvés avec soin, au son des gazouillements de leurs pères ; beaucoup d'animaux mammifères naissent aussi de préférence pendant cette heureuse saison, qui est une véritable époque de création.

Notre printemps est la représentation, en petit, du grand printemps que la Terre a possédé entre son cinquante-cinquième et son quarante-cinquième degré de chaleur naturelle, printemps qui a duré cinq cent mille siècles. Pendant cette période, toutes les plantes et les animaux de toutes espèces qui ont existé ou qui existent encore ont été tirés du néant ainsi que je viens de l'expliquer. Mais, avec les saisons que la Terre subit aujourd'hui, il lui est impossible de donner naissance à des espèces nouvelles ; elle ne peut que renouveler celles qui existent, si ce n'est cependant l'hypothèse où l'on puisse admettre la création spontanée pour quelques minimes insectes, ce que j'ignore.

Cette grande époque de la création spontanée est donc passée ; nous sommes dans la grande période suivante, qui représente l'été et l'automne, et si, à la fin, le soleil cesse de nous réchauffer de ses rayons

nourriciers, ce sera l'hiver et la mort de la vie organique sur la Terre, c'est-à-dire la fin du monde.

Lecteurs, réfléchissez, et admirez avec quelle harmonie Dieu a su et voulu donner à chaque créature
végétale la conformation et les organes propres à
s'assimiler la nourriture placée dans le même milieu
qu'elle ; considérez la prévoyance du Créateur donnant
aussi aux animaux des organes propres à se procurer
et à digérer la nourriture croissant et vivant dans les
mêmes lieux habités par eux. Quand on pense que les
organes des créatures, que leurs membres si délicats, si admirablement, si ingénieusement confor-
més, se construisent de presque rien, encore de
nos jours, on doit naturellement être porté à reconnaître que la création primitive n'a pu avoir lieu
autrement que par le moyen de germes imperceptibles venus d'en haut !

FIN DE LA CRÉATION

TROISIÈME PARTIE

XXXIII

Histoire de l'homme

Voilà donc l'homme arrivé sur la Terre, frêle et débile créature, toute nue, au milieu de tous les animaux féroces dont la Terre était alors peuplée ; ces pauvres petits enfants étaient bien les enfants de Dieu, et non les enfants des hommes : ce furent nos premiers pères et mères ; et, en réfléchissant à leur position parmi tous les animaux carnassiers de ces temps reculés, on doit comprendre qu'il dut s'en perdre au moins les quatre-vingt-dix-neuf centièmes.

L'homme, ainsi abandonné sur la Terre au moment de sa naissance, sans aucune arme naturelle défensive, me paraît bien malheureux. Presque tous les animaux sont armés, soit de griffes, soit de dents, pour attaquer leur proie, leurs ennemis, ou s'en défendre, ou sont doués d'agilité pour les fuir. L'homme n'avait rien de tout cela, pas même une grande force ; les animaux durent en faire un horrible carnage, car c'était une proie des plus faciles et des plus friandes pour eux, et ils étaient très-nombreux : tous ces reptiles énormes, ces serpents monstrueux ; tous ces mammifères carnassiers, tels que ce chat gigantesque de la taille du bœuf, ces grands ours, ces grands oiseaux et ces énormes grenouilles, s'ils existaient avec lui, le dévoraient, et surtout ses enfants, avec la plus grande facilité.

Cette mort violente, causée ainsi par les animaux féroces, était bien plus cruelle que celle que nous subissons aujourd'hui par suite de maladies ; qu'on se figure des pères et mères, voyant dévorer leurs chers enfants, leurs frères, leurs sœurs, leurs maris, leurs femmes, leurs amis, par des bêtes féroces, sans pouvoir leur porter aucun secours, et souvent, pour ne pas dire toujours, étant dans la perspective de subir le même sort à leur tour ; et cela devait arriver souvent, car les énormes animaux qui existaient alors étaient de taille à avaler toute une famille, et il leur était facile de s'en emparer même sur les arbres, car ils allaient bien plus vite que les hommes ; c'était comme de nos jours un adroit chasseur à la poursuite d'une volée de perdreaux, qui les tue tous les uns après les autres et les met dans sa gibecière.

Quand je réfléchis à tout cela, je suis presque surpris de me voir sur la Terre; l'espèce humaine aurait dû y être cent fois détruite par tous ces animaux-là; l'homme a été pour eux une proie facile, jusqu'à ce qu'il fût devenu assez nombreux pour se défendre, c'est-à-dire pendant bien des milliers de siècles.

Les Indiens sont encore aujourd'hui en grande guerre avec les tigres et autres carnassiers, et les rapports constatent que, chaque année, plusieurs

milliers d'hommes sont encore dévorés par ces animaux.

Mais Dieu, qui nous avait réservé une grande des-
tinée, avait donné à l'homme une arme invisible :
cette arme, c'était la parole. Par le moyen de la parole, l'homme a pu communiquer ses idées à ses
semblables, et ce n'est que par leur union que les
hommes ont échappé à une totale destruction.

Si les animaux eussent été doués de la parole, il
est bien certain que l'homme aurait disparu de la
surface de la Terre depuis des milliers de siècles, car
il était loin d'être le plus fort ; et qu'en serait-il encore des Indiens de notre temps ?

La parole nous vient principalement de la forme
de notre larynx, qui est construit avec beaucoup plus
de perfection que celui des bêtes et aussi des formes
de notre langue et de celles de nos lèvres.

La parole est naturelle à l'homme, mais, en réfléchissant, on reconnaît que le langage ne lui est pas
naturel, il ne lui vient qu'artificiellement. Ce qui le
démontre, c'est que chaque nation parle un langage
différent ; bien plus, chaque province d'une même
nation avait autrefois son idiome et en a conservé
encore aujourd'hui des restes que l'instruction n'a
pas encore fait disparaître ; et, en France, chaque
commune même a quelques expressions différentes.

Voici la supériorité de l'homme sur les animaux :
la parole, l'esprit, les mains ; la parole pour se communiquer ses idées, se concerter ensemble et agir en
commun ; l'esprit pour réfléchir et inventer, et les

mains pour exécuter; et, comme l'a dit Helvétius :
« Si Dieu, au lieu de mains et de doigts flexibles,
» avait terminé nos poignets par un pied semblable
» à celui du cheval, les hommes seraient encore er-
» rants comme des troupeaux fugitifs. » Quant à
moi, j'ajouterai que, s'il en eût été ainsi, il y aurait
bien longtemps que l'homme aurait disparu.

Mais, malgré ces grandes supériorités sur tous les
animaux, l'homme a été excessivement rare parmi
toutes ces bêtes féroces, pendant bien des milliers de
siècles; voilà pourquoi la géologie n'en a pas encore
constaté l'existence certaine avant les derniers déluges.

Le grand naturaliste Cuvier, impatienté de ne pas
trouver de restes humains parmi les nombreux débris
d'animaux antédiluviens, s'écriait : « Où donc était
alors le genre humain? » La science n'a pas encore
répondu avec certitude à cette question. Quant à
moi, mon opinion est qu'il était assurément sur la
Terre, mais fort rare.

Pendant cette grande quantité de siècles, l'homme
vivait au milieu des forêts qui couvraient alors à peu
près toutes les parties de la Terre, et parmi les animaux de toutes espèces qui y pullulaient : on sait
qu'il y a encore de notre temps des endroits de
la terre où l'homme, non civilisé, vit à l'état sauvage dans les bois, comme les animaux, et sans
nul vêtement; c'est ce qui démontre la vie primitive
de l'homme.

Mais, si l'homme n'avait pas eu l'esprit et l'adresse

de se faire des vêtements et des maisons, il y a bien des siècles qu'il ne vivrait plus sous nos climats ; il serait, comme les animaux des pays chauds, confiné sous les zones équatoriales.

Il aurait fait comme les palmiers qui croissaient autrefois en France, en Angleterre et dans toute l'Europe, comme les singes et comme les éléphants, qui vivaient en si prodigieuse quantité en Sibérie qu'on y retrouve leurs ossements presque aussi abondamment que les pierres dans une carrière : il se serait retiré avec eux dans les climats chauds de l'équateur.

L'homme fut créé pour les pays chauds, et ce n'est que par son industrie qu'il peut vivre sous les climats froids ou tempérés.

L'homme, ainsi tout brut et nu, à l'état sauvage dans les forêts, avec toute sa barbe, qui lui couvrait presque tout le visage et l'estomac, et ses grands cheveux, probablement en désordre, qui lui couvraient les épaules et le dos, ses doigts avec de grands ongles, ses pieds raccornis par la terre, sa peau brunie par le soleil, devait être effrayant et beaucoup plus laid que bien d'autres animaux.

D'après cette description de l'homme primitif, qui est certainement exacte, puisqu'il y a encore aujourd'hui des hommes dans cet état, on voit que l'homme brut n'était guère au-dessus des bêtes, et que ce n'est que la parole qui lui a développé le germe d'esprit que Dieu lui avait donné.

Le corps humain a tant d'analogie avec celui des

7

autres mammifères, que la science n'a pu le classer
qu'avec eux ; ne naît-il pas absolument comme eux ?
toutes nos nécessités naturelles ne sont-elles pas les
mêmes ? est-ce que pour vivre, nous ne sommes pas
obligés de manger, boire, respirer et dormir, etc.,
comme les animaux ? et ces derniers ne possèdent-
ils pas les mêmes sens que nous ? Mais nous avons
au-dessus d'eux, les mains, la parole, l'esprit, la raison et la réflexion ; précieuses qualités, qui nous met-
tent bien au-dessus d'eux tous, et qui nous sortent de
leur comparaison.

« Le trait essentiel de l'homme est d'être éducable
» et perfectible à l'infini.

» Cet être, qui est destiné à tout savoir, en naissant
» est le plus faible et le plus ignorant des êtres.
» L'animal naît instruit, l'abeille et le castor nais-
» sent architectes ; et l'homme, cet être qui sera
» Newton, Descartes ou Képler, qui découvrira la loi
» des mondes et les secrets de l'immensité, qui s'a-
» percevra que la Terre n'est qu'un grain de sable,
» cet homme qui découvrira la règle et l'harmonie
» des mondes, en naissant ne sait rien, il ne sait
« même pas téter le lait de sa mère, il faut qu'elle
» lui apprenne à le recevoir.   » THIERS. »

L'homme a mis bien des siècles pour arriver au
point où il en est aujourd'hui ; mais il en mettra bien
davantage pour arriver à la perfection.

XXXIV

Du travail et de l'industrie

On nomme travail les mouvements et les actions que l'on exécute pour se procurer les choses dont on a besoin, et dont les principales sont: la nourriture, les vêtements, les habitations, le bois pour faire du feu, puis les armes pour se défendre de ses ennemis.

L'homme est donc le plus grand travailleur que Dieu ait mis sur la Terre, parce que c'est lui qui a le plus de besoins, n'ayant ni armes, ni vêtements naturels ; mais, en observant bien ce qui se passe, on doit reconnaître que presque tous les animaux sont obligés de travailler pour se nourrir et perpétuer leur existence et leur postérité, ne serait-ce que pour prendre leur nourriture, que quelques-uns trouvent toute prête, comme, par exemple, les herbivores.

Les animaux carnassiers, pour s'emparer de leur proie, sont obligés de la guetter, de la poursuivre, de l'atteindre, de se battre avec elle, et, par conséquent, sont exposés au danger ; n'est-ce donc pas là un fort travail ?

On voit le jeune chat faire l'exercice pour apprendre à attraper les souris et autres petits animaux.

Le lapin, le renard, le blaireau, etc. n'exécutent-ils pas un travail pénible en creusant leurs terriers afin de pouvoir s'y cacher ?

Le sanglier, la taupe et la courtillière n'en exécutent-ils pas un autre en fouillant la terre pour trouver leur nourriture ?

Est-ce que les souris, les mulots ne travaillent pas aussi en emmagasinant les noix, les glands et autres fruits et graines pour se nourrir pendant l'hiver ?

Les oiseaux qui grattent la terre pour trouver leur nourriture travaillent aussi, et tout le monde sait avec quelle industrie ils construisent leurs nids et combien ils sont infatigables dans ce travail et dans celui qu'ils exécutent pour se procurer la nourriture nécessaire pour leurs petits.

Les abeilles travaillent pendant la belle saison presque à l'égal de l'homme, pour récolter leur miel, leur cire, puis pour fabriquer leurs cellules, si admirables de régularité, qui serviront à déposer leurs provisions et seront les berceaux de leur progéniture, qu'elles nourrissent avec tant de soin et de travail.

Les fourmis s'occupent continuellement à construire leurs immenses édifices pendant la belle saison, pour se garantir des grands froids pendant l'hiver.

Les chenilles tissent admirablement leurs cocons, où elles se renferment pour se métamorphoser en papillons.

Qu'est-ce qui leur indique cela ? l'instinct ou la loi de la nature, la loi de Dieu.

N'avez-vous jamais remarqué avec quelle industrie l'araignée construit ses filets pour capturer sa proie, et avec quelle vigilance elle l'épie ?

L'escargot, qui s'enfonce dans la terre, sous les immondices et les broussailles, et qui se bouche pour passer la rude saison , ne travaille-t-il pas aussi?

Il n'y a presque que les végétaux qui soient absolument dispensés de travailler, la nourriture leur ar-
rivant de la terre par leurs racines, et de l'air par les
pores de leurs feuilles et de leur écorce.

Cela dit, retournons aux premiers travaux de
l'homme.

L'homme a donc primitivement vécu pendant bien
des milliers de siècles sur la Terre avant d'être obligé
de travailler plus que les animaux sauvages ; car,
tant qu'il a eu un climat chaud, il n'avait pas besoin
de vêtements pour se couvrir, et il se protégeait facilement des ardeurs du soleil en se reposant sous les
immenses ombrages qui couvraient alors toute la
Terre ; et ce climat chaud n'a pas nécessité de vêtements tant qu'il a eu vingt-cinq degrés de chaleur
environ ; or, de cinquante degrés de chaleur pour
descendre à vingt-cinq, il a fallu à la Terre un million deux cent cinquante mille siècles ! Ainsi, l'homme a été longtemps sans avoir besoin d'habits ; et il
y a encore aujourd'hui des pays où, comme je l'ai
déjà dit, l'homme est encore nu ; ce qui est la preuve
certaine de ce que j'avance.

Comme la Terre a encore perdu quinze degrés de
chaleur depuis ce temps-là, il y a environ sept cent
cinquante mille siècles que les premiers vêtements
seraient inventés et mis en usage.

Le premier travail de l'homme a été pour se procurer de la nourriture ; il consistait seulement à

cueillir les fruits, la manne, les lichens, à chasser les animaux et à pêcher les poissons dont il se nourrissait ; c'est encore la seule occupation des peuples sauvages des pays chauds, qui ne sont pas anthropophages ; car, tant que l'homme a été rare et que cette nourriture lui a suffi, il n'a rien cultivé ; il s'en rapportait à la Providence, à la Terre, sa mère, qui, alors douée d'un climat constamment chaud, qu'elle possédait par elle-même, était d'une grande générosité, et ses enfants ne manquaient de rien. C'eût bien été l'âge d'or si les hommes n'eussent pas été exposés à la voracité des nombreux animaux qui existaient alors.

C'est le climat qui, en se refroidissant, a obligé l'homme à s'habiller et à suppléer ainsi à la fourrure que Dieu lui a refusée ; la nécessité l'a forcé à s'ingénier à se procurer des vêtements.

Il est assez difficile d'imaginer comment l'homme a pu fabriquer les premiers métaux, sans avoir d'autres instruments, pour s'en servir, que ceux qu'il a pu faire avec du silex, car les premiers outils et même des armes furent fabriqués avec du silex ou pierre à feu, des cornes d'animaux ; on pouvait couper des arbres avec ces haches en silex.

Peut-être l'homme a-t-il trouvé quelques morceaux de métal fondu par la chaleur centrale de la Terre ou par les volcans, je le suppose, et ces métaux aiguisés sur des grès lui auront fait ses premiers outils métalliques.

Il aura donc pu commencer à abattre quelques

arbres, s'il ne l'avait déjà fait avec ses haches en silex, et aiguiser des branches pour faire des pieux, avec lesquels il se sera construit des huttes pour se mettre à l'abri de la pluie et se garantir des animaux. Jusque-là, l'homme n'avait pu se loger que dans le creux des arbres et les cavernes des rochers.

Mais plus tard, la Terre s'étant refroidie sous les pôles et les hommes devenant plus nombreux, il fallut commencer à fabriquer quelques vêtements, soit avec des plantes, soit avec des peaux ou des poils d'animaux.

Il fallut aussi cultiver quelques plantes pour avoir assez de nourriture, car, à force de tuer les animaux qui étaient bons à manger, comme le bœuf, le mouton, le porc, les volailles, etc., etc., l'homme vit qu'ils diminuaient et qu'il devenait plus difficile d'en prendre; c'est alors qu'il songea à en élever et à en nourrir pour les prendre à sa volonté, suivant ses besoins. Telle est l'origine de la domesticité des animaux et des premiers travaux de l'homme.

Plus tard, on imagina de construire des étangs pour emprisonner et nourrir des poissons, pour les prendre à volonté, comme les animaux domestiques.

Ce n'est que lorsque l'homme fut parvenu à se faire de mauvais instruments de métaux ou de silex (car on en a retrouvé de nos jours) qu'il a pu commencer à abattre des arbres et à défricher des terrains pour les cultiver et leur faire produire les plantes dont il avait besoin pour se nourrir et se vêtir.

Jusque-là, la Terre ne devait être à peu près

qu'une immense forêt, cachant partout les animaux féroces, qui devaient y vivre en prodigieuse quantité. Ce qui le prouve incontestablement, c'est qu'aussitôt qu'on laisse une partie de terre sans la cultiver et qu'on l'abandonne à elle-même, elle se couvre aussitôt de chardons, de ronces, d'épines et d'arbres, qui en font bientôt un véritable désert, un repaire d'animaux ; cependant, certaines parties, soulevées du fond des mers, pouvaient rester pendant bien des siècles sans se couvrir de forêts, comme les grands déserts de sable de l'Afrique et les immenses prairies de l'Amérique.

C'est donc la culture qui a fait disparaître les animaux des contrées qu'elle occupe ; une fois qu'ils ne purent plus se cacher, l'homme les chassa plus facilement et les détruisit ; cette culture s'est agrandie graduellement, suivant que les contrées se sont peuplées, et elle s'agrandit encore tous les jours. D'autres espèces disparaîtront du globe terrestre ; on a constaté la disparition de plusieurs espèces d'animaux depuis quelques siècles seulement, et plusieurs autres disparaîtront encore, dis-je, car aujourd'hui l'homme a définitivement établi son empire sur la Terre ; depuis déjà bien longtemps, elle lui appartient, il en est le roi et le maître absolu ; il n'a plus guère d'autre ennemi dangereux que lui-même et les maladies ; la Terre elle-même est presque son esclave ; elle ne produit que pour lui, et l'homme non instruit en est tellement convaincu, que, lorsqu'il voit quelque chose qu'il pense lui être inutile, il se

demande, avec son point d'orgueil, pourquoi Dieu a
mis cela sur terre, comme si Dieu avait tout fait exclusivement pour lui.

L'homme façonne la terre presqu'à son plaisir,
en la défrichant, y creusant des canaux, faisant des
étangs, y construisant des routes et des chemins de
fer, perçant des souterrains dans les montagnes, etc.

Les plantes et la plupart des animaux sont les
esclaves de l'homme ; elles ne croissent, ils ne vivent
qu'à peu près où il veut. Ainsi, si l'homme disparais-
sait de la Terre, tout reprendrait aussitôt sa liberté :
la Terre produirait partout les végétaux qui lui con-
viendraient, suivant les localités, et les animaux vivraient partout en liberté ; toutes les villes, toutes
les habitations disparaîtraient ainsi que les routes ;
la végétation, reprenant son empire partout, ferait
de la Terre une forêt entière, un immense désert
rempli d'animaux sauvages, comme dans les temps
primitifs ; et après tout, est-ce que ces splendides
forêts vierges, avec leurs grands arbres majestueux,
triplement séculaires, ne seraient pas plus belles que
nos prés, nos champs labourés et ensemencés en cé-
réales, qui ne sont beaux à nos yeux que parce qu'ils
nous sont nécessaires? Et le tigre et le lion ne sont-ils
pas plus beaux que nos cochons?

Tous les gros animaux, sauf les animaux domestiques, qui nous payent de nos soins par les services
qu'ils nous rendent, sont condamnés à disparaître du
globe ; c'est un fait certain qui a quelque chose de
regrettable.

7.

Depuis le dernier déluge, beaucoup d'espèces sont disparues, exterminées par l'homme. Je vais en citer quelques-unes dont la destruction est rapportée par l'histoire contemporaine.

On trouve dans les tourbières de l'Irlande, en grande abondance, le squelette du cerf géant, plus grand d'un tiers au moins que nos plus grands cerfs; ses cornes ont jusqu'à quatre mètres d'étendue. Le crâne et les bois pèsent de trente-cinq à quarante kilogrammes. Les riches propriétaires irlandais ornent de ces bois leurs pavillons de chasse.

On a trouvé dans une tourbière la peau d'un cerf géant, sans squelette, ce qui démontre qu'elle avait été retirée par un chasseur; on a aussi trouvé une côte d'un cerf géant percée par une flèche. De tout cela, on doit conclure que ce cerf a survécu au déluge, et que c'est l'homme qui l'a détruit.

Les Indiens de la Virginie parlent, dans leurs traditions, de mastodontes, et affirment avoir vu des têtes de cet animal encore munies de leur trompe, ce qui prouverait qu'il n'y a pas très-longtemps que cette espèce n'existe plus.

La rhytine, espèce voisine du lamantin, a disparu il n'y a qu'un siècle. Cet animal pesait quatre-vingts kilogrammes, et sa chair était délicieuse, ce qui fut cause de sa perte.

Le dinornis, dit Louis Figuier, oiseau colossal qui vivait pendant les temps historiques à la Nouvelle-Zélande, est l'oiseau le plus grand qui ait jamais existé. Les Zélandais le nommaient *moa*, et on voit

encore l'endroit où le dernier fut tué dans une
lutte sanglante, qui coûta la vie à plusieurs hommes
ils montrent les os de ces oiseaux énormes, qui vivaient encore au dix-septième siècle.

L'oiseau roc habitait et habite peut-être encore
l'île de Madagascar, car les Madécasses assurent qu'il
existe encore dans leurs immenses forêts vierges,
mais qu'on le voit rarement.

On a trouvé en 1851, dans un éboulement, à Madagascar, un œuf de cet oiseau aussi bien conservé que
s'il eût été nouvellement pondu; cet œuf avait quatre-
vingt-huit centimètres de circonférence; il y en a
trois au Muséum d'histoire naturelle de Paris, qui
ont été achetés, en 1852, au prix de cinq mille cinq
cents francs, dit-on : un seul œuf contient dix litres
et demi, ou huit œufs d'autruche, ou cent trente-cinq
œufs de poule.

La science a donné à cet oiseau le nom d'*Epiornis
maximus*.

D'après M. Bianconi, qui a comparé quelque
fragments d'os de cet oiseau avec ceux des espèces
vivantes, il appartiendrait à la race des vautours et
serait quatre fois plus grand que le grand condor ; il
se rapprocherait ainsi, en quelque sorte, des récits
exagérés des fables arabes sur l'oiseau roc. Si la race
de ce gigantesque oiseau n'est pas éteinte, elle est au
moins bien près de l'être.

Le dronte ou dodo était plus gros qu'un cygne ;
il pesait cinquante livres, était impropre au vol et
pouvait à peine se tenir sur ses pieds ; il était encore

existant à l'Ile de France en 1638, dit Herbert ;
aujourd'hui, cette espèce a complétement disparu.

Un autre grand oiseau, le palaptérix, de la taille
de l'autruche, vivait aussi, aux mêmes époques, à la
Nouvelle-Zélande ; sa race est éteinte. On a trouvé
un squelette de cet oiseau sur son nid ; ce qui le
prouve, c'est que les os de la couvée étaient formés
dessous ; M. Huxley, qui a examiné ces débris, est
d'avis que l'oiseau n'était mort que depuis dix ou
douze ans seulement.

Ces grands oiseaux, et beaucoup d'autres espèces,
ont été détruits par les habitants de la Nouvelle-Zélande, qui n'avaient d'autre nourriture pour vivre,
que des racines de fougère et des rats.

Quand les oiseaux furent tous détruits, ces habitants devinrent cannibales, et se mangèrent les uns
les autres ; c'est dans cet état qu'on les trouva quand
on découvrit la Nouvelle-Zélande.

« Le célèbre chef zélandais Ramparaha, mort il y
» a trente ans, très-vieux, avait vu ces trois périodes
» de sa nation : tout jeune, il avait encore pris part aux
» repas composés de racines de fougère et de viande
» d'oiseaux des bois ; devenu homme, il avait entre-
» pris des guerres de cannibal s et mangé de la
» chair humaine, comme les membres de la tribu
» qu'il commandait ; vieillard et prisonnier de guerre
» sur un bâtiment anglais, il dînait avec les Européens
» et à leur manière.

» Mais depuis l'introduction du cochon et des
» pommes de terre dans l'île, la face des choses a

» changé ; les habitants ne sont plus obligés, pour
» satisfaire leur faim, de répandre le sang de leurs
» frères.   » LOUIS FIGUIER. »

J'ai dit quelque chose des premières habitations
des hommes, qui furent, à n'en pas douter, les cavernes des rochers et le creux des arbres; puis vinrent
les premières constructions, que j'ai nommées huttes
ou tentes, consistant en pieux plantés en terre et
réunis par le haut en cône ; il paraît que les sauvages
de notre époque n'en sont encore qu'à ces sortes d'habitations.

On trouve dans les lacs, dit M. Berthoud, des débris humains et des restes d'habitations qui succédèrent sans doute à celles que je viens de décrire.

M. Dépine a découvert des restes de villages sous
les eaux du lac de Bourget, en Savoie. A un mètre
sous l'eau et à cent mètres de la rive, il a trouvé de
nombreux pilotis et de la poterie, des ossements humains et de bestiaux, des pierres noircies par le feu,
des charbons à demi consumés, des pans de murailles,
des restes de toitures. Du lac de Neufchâtel, on a
retiré vingt-cinq mille objets d'un seul village aqua-
tique.

Des pierres grossières servant de foyers, et des
fours, des couches de mousse servant sans doute de
lits, de grands bois de cerfs, des têtes de taureaux
sauvages, des armes en pierre, en bronze et en fer,
des pointes de lance, des flèches, des couteaux, des
scies, des marteaux, des enclumes en pierre, des ai-

guilles en bois de cerf, et une multitude de vases, la plupart brisés, mais de même forme.

Dans les restes d'habitations qui semblent moins anciennes, on a trouvé des vases d'une pâte plus fine, des nattes de chanvre et de lin ont succédé aux lits de mousse, des cordes et même de la toile. Plus tard encore, des épingles en os, des bagues de métal, des bracelets et des colliers en perles de pierres trouées, des boucles en bois de cerf et des dents d'ours ; des rosaires de noisettes percées, des navettes de tisserand, en os, des hochets d'enfant, de l'ambre et même du corail, qui indiquent que déjà il y avait du commerce avec les nations étrangères.

A cette époque, on cultivait déjà la terre, car on y a trouvé des amas presque intacts d'orge et de froment et même un pain à demi consumé par le feu, fait avec de l'orge grossièrement broyé. On y trouve aussi un engin de guerre qui est une sorte de bombe en terre que l'on remplissait de charbons ardents et qu'on lançait sur les toits en chaume des villages ennemis pour les incendier. Ainsi, une des premières industries de l'homme a été un moyen pour détruire ses semblables.

On trouve des squelettes de chiens et de brebis ensemble, des massues garnies de pointes de fer et de bronze. Toutes ces bourgades ont été détruites par le feu.

Presque toujours, on rencontre, à peu de distance des villages, des tombeaux creusés dans le sol de la rive. On trouve dans ces tombes profondes, bien fai-

tes, un squelette entier, puis d'autres squelettes dont
les membres sont brisés à coups de hache ; ces derniers représentent des femmes et des esclaves, sans
doute, qui ont été tués et ensevelis avec le maître.

Ces habitations étaient construites sur l'eau, à une
certaine distance de la rive, de façon à mettre ceux
qui les habitaient à l'abri des animaux féroces et des
surprises des hommes (1).

Plus tard, on construisit de meilleures maisons,
suivant que le climat en imposa la nécessité et que
l'industrie se développa, et on arriva à en faire de
bonnes, puis de très-belles, où, non plus la nécessité, mais le luxe et la vanité guidèrent, et on voi
que, du temps de Ramsès, en Egypte, il y a trente-
trois siècles environ, les temples consacrés aux dieux
et les palais des rois surpassaient de beaucoup en
magnificence les plus beaux édifices d'aujourd'hui.

L'industrie a existé avant les derniers déluges,
puisqu'on trouve dans la terre, sous les couches du
diluvium, des restes de l'industrie humaine ; ainsi
que je l'ai dit plus haut, page 61, à l'occasion d'une
planche sur laquelle on reconnaissait parfaitement
les traits de la scie ; donc, à cette époque reculée,
qui date bien certainement d'avant le déluge, la scie

(1) Cette manière, non pas de bâtir sur l'eau, mais
d'entourer les habitations d'eau, est parvenue jusqu'à
nous ; car on voit encore presque tous les vieux châ-
teaux considérables entourés de canaux. Cela prouve
qu'en ces temps-là, les lois qui existaient n'étaient pas
toujours respectées et que l'autorité n'était guère forte.

était déjà inventée, ce qui prouve que l'industrie était déjà bien développée.

On a aussi trouvé dans certains endroits des statues en pierre sculptée, qui paraissent, par le lieu de leur séjour, être antérieures au dernier déluge.

La navigation fut une invention des plus naturelles, car en voyant flotter des morceaux de bois qui pouvaient porter un certain poids, sans disparaître dans l'eau, il fut bien facile de reconnaître qu'on en pouvait faire des moyens de transport en les perfectionnant ; c'est ce qui a eu lieu ; de là les bateaux, et plus tard les grands vaisseaux, qui sont d'origine très-ancienne.

Voilà à peu près la description de tous les premiers travaux de l'homme ; mais celui-ci étant devenu de plus en plus nombreux sur la Terre, son travail ne pouvant plus suffire à ses besoins, et maître déjà de plusieurs animaux domestiques, tels que le bœuf, le cheval, l'âne, le buffle, le chameau, etc., il imagina de les atteler à sa charrue et à ses voitures, inventées sans doute à cette époque, et leur fit faire ainsi les plus rudes de ses travaux.

Dans le siècle où nous sommes, l'homme ne se contente plus des animaux pour travailler, il emploie les éléments : l'eau, l'air et le feu, combinés en vapeur, sont attelés à ses machines et à ses voitures, et les emportent avec une rapidité vertigineuse. L'électricité, ou le tonnerre, y est aussi employée pour transporter ses nouvelles d'un bout du monde à l'autre. Après tout cela, qu'y attellera-t-on ? Les hommes sont si audacieux, que, s'ils pouvaient, je crois, prendre Dieu, ils l'attelleraient aussi ; mais alors je leur conseillerais d'atteler plutôt le diable, s'ils pouvaient s'en emparer ; mais ils ne l'attraperont jamais, car comment prendre ce qui n'existe que dans l'imagination de quelques-uns ?

XXXV

Du commerce

On appelle commerce l'échange de marchandises ou objets contre d'autres objets, ou contre des objets de convention que l'on a nommés « monnaies », et qui peuvent, par leur nombre, représenter la valeur de toutes espèces de choses. Ainsi, quand les hommes, forcés par les rigueurs du climat à se couvrir de vêtements, furent obligés d'en confectionner, il est tout naturel de supposer que ceux qui étaient les plus adroits en fabriquèrent davantage et mieux ; ils purent donc en fournir à ceux qui n'en avaient pas, les échangeant soit pour des vivres, soit pour certains autres objets ; ce fut un commencement de commerce qui, cependant, a dû avoir lieu bien plus tôt, car on doit supposer qu'il y eut toujours des hommes maladroits et des paresseux, ou adroits à faire certaines choses et maladroits à en faire d'autres ; et ceux qui avaient réussi à la chasse ou à la pêche pouvaient échanger leur gibier ou leur poisson contre des instruments de chasse ou de pêche, ou contre des armes, etc., avec ceux qui confectionnaient le mieux ces divers objets.

Plus tard, quand on commença à élever des huttes ou petites cabanes pour se loger, il en fut de même ; ceux qui les construisaient le mieux en firent pour les autres ou leur aidèrent, tandis que ceux-ci confectionnaient des habits ou chassaient pour échanger leurs produits contre une habitation.

Ce ne fut que très tard qu'on inventa les monnaies pour représenter, par leur nombre, toutes espèces de choses utiles, et très-longtemps après que l'on put se servir des métaux. Les hommes devinrent alors assez nombreux pour avoir besoin d'être gouvernés par des chefs, formèrent bientôt ce qu'on appelle une nation, une tribu, ou des peuples vivant dans une contrée sous les mêmes lois, et gouvernés par un chef ayant le pouvoir de faire respecter et observer ces lois.

Tous les habitants d'une même nation sont presque comme une grande famille; en cas de danger, ils se battent tous contre l'ennemi commun.

Ce furent quelques-uns de ces chefs de nation qui inventèrent les monnaies pour faciliter les échanges ou le commerce ; ce fut une très-utile invention, qui est arrivée jusqu'à nous et qui se perpétuera. Chacun sait que, de temps immémorial, les monnaies sont devenues indispensables pour le commerce; elles existent chez tous les peuples, excepté dans quelques îles sauvages, où la civilisation n'a jamais pénétré, et où le commerce se fait encore par échange d'objets contre objets, comme dans les temps primitifs.

Les monnaies n'ont pas toujours été de métal, si

toutefois on peut donner le nom de monnaies à certaines choses qui en ont tenu lieu dans les premiers temps ; car plusieurs nations anciennes ont fait usage de coquillages de la mer pour leur servir de monnaies.

Quand on inventa la monnaie métallique, il fallut nécéssairement lui donner pour valeur une unité, et il est probable que de prime abord, il n'y en eut qu'une seule d'une même valeur ; de cette manière, la monnaie pouvait se passer de marque indiquant cette valeur ; mais lorsqu'on fit des monnaies différentes, il fallut absolument les marquer, et si l'art de l'écriture n'était pas encore inventé à cette époque, ce qui est plus que probable, cette marque des pièces de monnaie a pu donner une idée de l'invention de l'écriture, et c'est peut-être à elles que nous devons la découverte :

> . . . . . . de cet art ingénieux
> De peindre la parole et de parler aux yeux,
> Et par les traits divers des figures tracées,
> Donner de la couleur et du corps aux pensées.
>
> *(Brébeuf)*

On dit que les caractères de l'alphabet furent inventés par les Phéniciens ; mais on ne parle pas de ce qui leur en donna l'idée.

Plus l'homme s'est multiplié, plus l'industrie et le commerce se sont développés et vont toujours en augmentant. Tous les gouvernements font des traités de commerce entre eux pour les faciliter et les augmenter.

Le commerce est un des plus grands bienfaits de la civilisation. Avec lui, les divers produits de toute la terre et des mers deviennent communs à toutes les nations ; sans lui, combien de produits, devenus presque indispensables à notre époque, n'auraient jamais été connus de la plupart des peuples !

XXXVI

Des armes

Les premières armes des hommes ne purent être que des cailloux, des pierres qu'ils lançaient à la main, comme les enfants le font encore aujourd'hui, puis des bâtons, des massues, qui, bien maniés et perfectionnés, commencèrent à devenir dangereux. En se réunissant, les hommes purent se défendre contre certains animaux et même les tuer.

Les premières armes que l'homme inventa semblent être l'arc et les flèches, qu'il mania avec une adresse surprenante ; plus tard, remarquant les effets mortels des venins des serpents et de la séve de certains arbres, il imagina d'en imprégner la pointe de ses flèches pour empoisonner les animaux en les blessant, et ce moyen lui réussit parfaitement. Les armes empoisonnées sont encore employées aujourd'hui par beaucoup de peuples sauvages des îles de l'Océanie et de l'Amérique, non-seulement contre les animaux, mais aussi contre les hommes.

Il fabriqua encore des haches en silex ; on en a retrouvé de notre temps dans le diluvion.

Plus tard, quand l'usage des métaux fut plus
répandu, on façonna des lances et des armes tranchantes, puis des armes à ressorts (comme les bé-
liers, pour démolir les bâtiments), des espèces de
bombes en terre pour incendier. Tout le monde sait
qu'il n'y a que quelques siècles que la poudre fut
inventée ; aussitôt après vinrent les armes à feu,
principalement pour faire la guerre à l'homme ; et
au moment même où j'écris ces lignes, les principales occupations des gouvernements sont le per-
fectionnement des armes pour tuer le plus vite et le
plus grand nombre d'hommes possible.

XXXVII

De la guerre et de son origine

On nomme guerre les combats de plusieurs trou-
pes d'hommes entre eux.

L'homme a le caractère naturellement destructif.

Si on demande : quelle est la créature la plus parfaite que Dieu ait placée sur la Terre? on répond : c'est
l'homme.

Si on demandait : quelle est la créature la plus
méchante, la plus mauvaise et la plus dangereuse que
Dieu ait mise sur la Terre ? ne pourrait-on pas aussi
répondre : c'est l'homme ? — C'est mon opinion ; car
je ne connais pas d'animal plus dangereux. Si les
animaux carnassiers tuent et égorgent, c'est pour

se nourrir, c'est par besoin. J'admets qu'ils égorgent quelquefois sans nécessité, mais alors ce ne sont pas des individus de leur espèce qu'ils égorgent ; tandis que parmi la race humaine, combien ne voit-on pas de mères tuer même leurs propres enfants pour s'en débarrasser ! et si les lois n'étaient pas là pour mettre un frein à la férocité humaine, les plus forts tueraient sans pitié les plus faibles pour s'emparer de leurs biens, pour se venger de la plus faible insulte et quelquefois même d'une parole, témoin le duel. Nous en avons la preuve par les récits de l'historien Prud'homme sur le règne de la Terreur, en 1793, où se trouve constatée la mort de 18,613 personnes guillotinées, depuis le roi jusqu'aux chiffonniers. En comptant les assassinats de femmes mortes de frayeur en couches ou enceintes, les enfants et les prêtres fusillés ou noyés, et les autres personnes de toutes conditions, ce nombre peut s'élever au chiffre de 972,748 individus !

Oui, l'homme a le naturel égoïste et essentiellement destructif ; il est l'ennemi commun de tout être vivant.

La guerre, ces assassinats en grand et en règle, qui sont dirigés par des hommes qui ont reçu la plus grande instruction et la meilleure éducation, n'en est-elle pas le plus grand exemple ? Quelle est donc l'espèce d'animaux sur la Terre qui cause autant de maux et d'assassinats que l'homme parmi sa propre espèce, et surtout sans que la nécessité l'y oblige ? Et dire que la civilisation ne trouve pas de remède à de si grands maux ! C'est à croire que c'est Dieu qui a mis cette maudite passion dans le cerveau de l'homme.

Oui, la guerre est un fléau déchaîné par Dieu sur l'humanité, comme les épidémies, pour en arrêter la trop grande multiplicité.

La guerre est à l'homme ce que sont les tigres, les lions, les loups, et surtout l'homme, aux autres animaux, l'épervier aux petits oiseaux, le brochet aux poissons, etc., etc. Dieu a tout prévu dans sa création.

Je retourne à l'origine de cette plaie : mon opinion est que la guerre ne fit son apparition que lorsque les hommes eurent commencé à établir leur domination sur les animaux ; car, tant qu'ils furent rares et chassés par eux, ils ne devaient guère songer à tuer leurs semblables, mais bien plutôt à se réunir entre eux pour leur défense commune. A quoi leur aurait servi de tuer leurs semblables, qui ne les gênaient pas et qui leur étaient utiles ? La nécessité devait retenir leur cruauté.

Mais quand les hommes, en grande partie débarrassés des plus dangereux animaux, purent se multiplier plus à l'aise et furent devenus plus nombreux, il s'éleva des querelles parmi eux ; probablement comme de nos jours, pour la possession des meilleures contrées ou des terrains les plus propices à leur bien-être ; des partis se formèrent, se réunirent, se choisirent des chefs pour les conduire et les commander, et se battirent pour savoir qui posséderait les terrains ou autres objets en litige. Après la bataille, les chefs restés maîtres dictèrent leurs lois, non-seulement aux vaincus, mais encore aux vainqueurs. Cette malheureuse coutume de se battre et de se tuer s'est perpétuée jusqu'à nos jours, ainsi que je l'ai dit plus haut, et ne paraît pas sur le point de se perdre. La civilisation ne détruira jamais cela entièrement.

On entend, par ce mot de civilisation, raison, bonté, politesse, justice, etc. Eh bien! il y a eu de tout temps, parmi les sociétés, des hommes doués de ces qualités ; mais, parmi les puissants gouverneurs, rarement ce qu'on appelle amour de la gloire, c'est-à-dire de la victoire dans les combats, ne s'est éteint chez eux ; c'est une passion que Dieu a mise dans leur cerveau, qu'ils ne peuvent vaincre et qu'ils ne vaincront jamais ; la civilisation ne fait rien à cela. D'ailleurs, en parlant de la civilisation, je ne vois pas qu'elle fasse de grands progrès ; les hommes sont aussi méchants et aussi barbares qu'ils l'ont jamais été. Un pays où il y a beaucoup d'industrie et où l'on fait de belles et bonnes choses s'appelle un pays civilisé : or, ne voyons-nous pas dans l'histoire ancienne que les Egyptiens étaient dans ce cas il y a plus de trois mille ans, et qu'ils produisaient des œuvres d'art qui surpassaient en magnificence celles de notre époque? Il ne fallait pas être en guerre civile pour édifier de pareils monuments. Quel chemin a donc fait cette civilisation depuis ce temps? Si elle a avancé en France, elle a reculé ailleurs.

Les géographes appellent Paris le centre de la civilisation, mais c'est aussi le foyer des révolutions, des guerres civiles, et, par conséquent, de l'assassinat, du pillage, du brigandage et de l'anarchie, qui sont l'antipode de la civilisation.

Il faut continuellement à Paris une forte armée pour y maintenir l'ordre et y faire respecter la loi ; sans cela, Paris deviendrait le siége de la plus cruelle sauvagerie.

Citons encore un trait de cruauté humaine : pourra-t-on le nommer guerre ? Je veux parler de ce qu'on appelle la traite des noirs. Cet exploit consiste à équiper un vaisseau, à aller dans les îles peuplées de nègres, à les chasser comme de véritables bêtes fauves, et s'en emparer ou les acheter à vil prix de leurs chefs, les garrotter et les emmagasiner dans le vaisseau comme des troupeaux, puis aller les vendre sur les marchés pour les faire travailler comme des bêtes de somme.

Ce honteux trafic existe encore en certains endroits ; mais les pays civilisés, et la France la première, l'ont aboli dans leurs possessions.

Un trafic encore un peu plus dénaturé est celui que font encore beaucoup de peuples barbares, de vendre au marché leurs femmes et leurs filles comme des animaux.

Ainsi, il est bien sûr et bien reconnu par tous que le plus dangereux ennemi de l'homme sur la Terre aujourd'hui, c'est l'homme lui-même, qui, étant la limite supérieure de la création, ne peut pas avoir d'ennemi plus dangereux que lui.

L'espèce humaine devrait avoir honte de sa cruauté,

8

car les animaux n'en ont jamais fait autant; ceux de même espèce ne se font pas la guerre entre eux. Savez-vous pourquoi? c'est parce qu'ils n'ont pas assez d'esprit, pas assez de réflexion.

Ainsi on voit par là que cet esprit, cette réflexion, qui sont pour l'homme une arme si précieuse lorsqu'ils sont bien employés, lui deviennent bien pernicieux lorsqu'ils le sont mal, en lui faisant commettre, non-seulement de grands crimes sur ses semblables, mais aussi parfois sur lui-même, en se tuant volontairement. On appelle cette mort le suicide.

L'homme, en cette circonstance de désespoir, devient alors plus faible et plus sot qu'aucun animal, car il est fort rare de trouver l'exemple d'un animal qui se soit suicidé volontairement; il endurera toute espèce de souffrances, de tortures, plutôt que de se donner la mort.

Cet esprit, qui donne la réflexion, a un autre inconvénient pour l'homme, en lui faisant souvent entrevoir l'avenir sous de sombres couleurs, qui lui donnent des soucis, des ennuis, qui le rendent malheureux, l'empêchent de dormir et même de prendre la nourriture qui lui est nécessaire, ce qui altère sa santé ; les animaux en liberté n'ont pas cet inconvénient : ils jouissent du présent et ne pensent pas à l'avenir.

Lecteurs, réfléchissez donc sur toutes les choses de la Terre et du Ciel, et si jamais il vous venait un dégoût de la vie, que ces réflexions vous le fassent chasser bien vite; car, songez que des millions et des

milliards de siècles passeront sur la Terre, mais que
jamais vous ne la reverrez ; ainsi, restons-y le plus
de temps possible pendant que nous y sommes, soi-
gnons notre santé, afin de vivre longtemps et surtout
honorablement.

XXXVIII

De l'anthropophagie

L'anthropophagie n'a pu se déclarer parmi la race
humaine que par l'effet d'une grande famine.

Il advint dans les temps reculés, qu'en certaines
contrées de la Terre, où les hommes étaient devenus
nombreux, la nourriture leur manquant, il en résulta
des querelles ; ils en vinrent à se battre (et ce fut
peut-être la famine qui fut la source des premières
guerres), et il n'y eut que les plus forts qui mangèrent ; mais la famine étant devenue si grande et
la faim si impérieuse, l'homme, avec son esprit
philosophique, se fit cette question : Pourquoi, pour
prolonger ma vie, ne pas manger de cette chair qui
va se perdre, et qui peut me nourrir ? Et il se décida
à se nourrir de la chair de ses semblables.

Les hommes mangèrent ceux de leurs ennemis
qu'ils avaient tués, et cet horrible fait devint une coutume qui s'étendit non-seulement aux morts, mais à
tous les prisonniers pris à l'ennemi. On sait que cette
coutume barbare existe encore chez tous les peuples
sauvages d'aujourd'hui, qui n'y sont pas poussés par
la faim, mais par un usage qu'ils suivent avec un

grand plaisir ; ce sont pour eux de grands festins que de se régaler de la chair de leurs semblables.

Cet affreux usage est aussi le résultat de l'ignorance et de la fainéantise de peuples qui ne se donnent pas la peine de cultiver les plantes et d'élever le bétail nécessaire à leur alimentation.

Oui ! une famine excessive seule a fait naître l'anthropophagie ; ce qui le prouve sans conteste, c'est que, de nos jours, elle se déclare encore quelquefois en mer, sur des vaisseaux qui manquent de vivres, et parmi des hommes parfaitement civilisés ; et, dernièrement, en 1868, l'anthropophagie, par suite de la famine, s'est déclarée sur la chaloupe du vaisseau français *le Saint-Paul*, abandonnée en pleine mer, où un homme a été tiré au sort, tué et mangé.

Tout le monde sait qu'au mois d'avril 1868, les Arabes de notre colonie d'Alger furent dans une affreuse misère, et que la faim les poussa à manger, non-seulement les étrangers qu'ils purent saisir, mais encore leurs parents ; et que des pères et mères même mangèrent jusqu'à leurs propres enfants ! C'est la limite extrême de l'anthropophagie, et c'est en 1868 qu'elle a eu lieu !

Et dans Paris même, la capitale du monde civilisé, lors du siége qu'en fit Henri IV, la famine se fit sentir avec une telle intensité que l'anthropophagie commença à s'y montrer :

Voltaire en parle ainsi :

... Des malheureux couchés sur la poussière,
Se disputaient encore à leurs derniers moments
Les restes odieux des plus vils aliments.
Ces spectres affamés, outrageant la nature,
Vont au sein des tombeaux chercher leur nourriture,
Des morts épouvantés les ossements poudreux,
Ainsi qu'un pur froment, sont préparés par eux.

Et plus loin :

Détestant son hymen et sa fécondité, (une mère s'écrie :)
.« Cher et malheureux fils que mes flancs ont porté,
Dit-elle, c'est en vain que tu reçus la vie ;
Les tyrans ou la faim l'auraient bientôt ravie,

. . . .

Meurs, avant de sentir mes maux et ta misère ;
Rends-moi le jour, le sang que t'a donnés ta mère ;
Que mon sein malheureux te serve de tombeau,
Et que Paris, du moins, voie un crime nouveau ! »
En achevant ces mots, furieuse, égarée,
Dans les flancs de son fils sa main désespérée
Enfonce en frémissant le parricide acier,
Porte le corps sanglant auprès de son foyer,
Et d'un bras que poussait sa faim impitoyable,
Prépare avidement ce repas effroyable !

XXXIX

Sur l'origine des religions

Une des principales supériorités de l'homme sur
les animaux est celle d'avoir, dès son origine sans
doute, reconnu qu'il y a un Être suprême qui gou-
verne l'univers, et qu'à ce grand titre, il doit lui

rendre ses hommages, lui adresser des prières, ou plutôt des remerciements, et s'humilier devant lui en signe de reconnaissance.

Tous les peuples de la Terre, tant sauvages soient-ils, on une espèce de religion, dit-on, c'est-à-dire une manière de reconnaître un Être suprême.

Ce furent les hommes les plus expérimentés des temps anciens qui en donnèrent de premières explications, les chefs de partis, les chefs de la guerre, les rois, en un mot, qui, ayant étendu leur autorité sur ceux qu'ils commandaient, s'en firent naturellement craindre et respecter, se faisant passer pour des prophètes, des envoyés choisis par Dieu pour commander aux autres et faire exécuter ses prétendues vengeances sur la Terre ; ils prétendirent même avoir reçu leurs missions de Dieu lui-même, qu'il leur avait données, disaient-ils, comme lui étant agréables, et le seul moyen de le servir et de lui rendre dignement hommage. Ceux qui étaient obligés de leur obéir le crurent, de bon gré ou de force, et s'y soumirent ; ainsi commencèrent les religions, pour la plupart.

L'homme, en prétendant avoir vu Dieu et lui avoir parlé, lui donna sa propre figure, comme étant la plus parfaite qui puisse exister ; c'était un assez grand point d'orgueil.

Comme chaque chef ou roi dictait les lois de sa religion à son bon plaisir, il y eut autant de religions que de chefs.

Certains de ces chefs prétendirent que le sacrifice,

c'est-à-dire l'immolation d'un être vivant, même d'une créature humaine, sur l'autel de Dieu, lui faisait éminemment plaisir et était indispensable pour lui être agréable. C'était un moyen ingénieux pour se débarrasser d'un être importun.

Les musulmans sacrifient encore ainsi une grande quantité d'animaux à leur Dieu, après quoi ils les jettent à la voirie, se gardant bien de les manger.

Comme ces nombreuses religions différaient de beaucoup entre elles et que chacun prétendait posséder la bonne, on comprend qu'il dut en résulter de grandes querelles, qui furent la source des plus terribles guerres; ces guerres de religion sont même parvenues jusqu'à nous.

Quand un grand chef accomplissait un exploit supérieur aux autres, paraissant surnaturel, il était proclamé le dieu même de cet exploit; par exemple : le dieu de la guerre, le dieu des eaux, le dieu de la médecine, etc., etc. C'est l'origine du paganisme, dont Jupiter était le grand maître, proclamé roi du Ciel, et avait ainsi effacé Dieu.

On compte aujourd'hui, à la surface du globe, plus de mille religions : chacun préconise la sienne.

Jésus-Christ nous a donné une religion bien supérieure aux autres, par les sages principes de justice qu'elle enseigne, et qui a civilisé tous les peuples qui l'ont pratiquée; mais elle n'a pas été exempte de mutilations ni d'exagérations : elle est déjà divisée en plusieurs branches.

Malheureusement pour le genre humain, parmi les chefs de toutes ces religions, il s'en est toujours trouvé qui s'en sont servis comme d'un bouclier pour commettre les plus grands crimes ; et les excès des religions abrutissent parfois les hommes à un tel point qu'ils les rendent bien plus sots et plus cruels que les bêtes, sottise et cruauté qui deviennent alors de la véritable folie furieuse.

XL

Des sciences ou arts

On nomme sciences certains travaux auxquels l'esprit prend beaucoup plus de part que le corps ; ainsi, je rangerai sous cette dénomination : l'écriture, la géométrie, le dessin, la peinture, la musique, l'astronomie, etc.; tout cela était parfaitement inutile quand l'homme était encore rare sur la Terre.

Le commerce et l'industrie ont certainement précédé de beaucoup les sciences, qui n'ont dû commencer à se développer que quand les hommes sont devenus plus nombreux. On attribue l'invention de la géométrie aux Egyptiens, qui s'en servirent pour mesurer leurs terrains aux bords du Nil, lequel, par ses grandes inondations, déplaçait ou recouvrait les bornes.

Les sciences, très-nécessaires de nos jours, ne sont pas toutes indispensables pour l'existence de l'homme, mais beaucoup sont devenues de première nécessité pour l'existence des sociétés, comme par exemple l'écriture. Le dessin, la musique, la peinture sont des sciences d'agrément, qui n'ont été inventées que pour les plaisirs des hommes et pour occuper leurs loisirs, et, par conséquent, ne sont venues que fort tard, quand les hommes formaient des nations.

Aujourd'hui, l'industrie et les sciences sont immenses; les ballons enlèvent l'homme au plus haut des airs, la vapeur entraîne les vaisseaux sur toute l'immensité des mers, et de nombreux et formidables convois de voitures, chargées d'hommes et de marchandises de tous genres, sont emportés dans toutes les parties de la Terre avec une rapidité vertigineuse. La vapeur fait toutes sortes de travaux au moyen des machines qu'elle fait mouvoir.

L'électricité, ou plutôt le tonnerre, dont l'homme s'est aussi emparé, transmet les nouvelles instantanément tout autour du globe; les mers même n'y font pas obstacle : c'est un courrier incomparable et infatigable.

Le gaz, provenant de la houille, éclaire toutes nos grandes villes, etc., etc.

Après tout cela, qu'est-ce que l'homme inventera encore? L'avenir l'apprendra à la postérité!

FIN

TABLE DES MATIÈRES

DEUXIÈME PARTIE

TROISIÈME PARTIE

FIN DE LA TABLE DES MATIÈRES

Paris. — Imp. Dubuisson et Cᵉ, rue Coq-Héron, 5.

Paris. — Imp. Dubuisson et Cᵉ, rue Coq-Héron, 5.

www.ingramcontent.com/pod-product-compliance
Lightning Source LLC
Chambersburg PA
CBHW071911200326
41519CB00016B/4573